Franck Natali

Hétérostructures (Al,Ga)N/GaN sur silicium

Franck Natali

Hétérostructures (Al,Ga)N/GaN sur silicium

Epitaxie par jets moléculaires - Applications composants

Presses Académiques Francophones

Impressum / Mentions légales
Bibliografische Information der Deutschen Nationalbibliothek: Die Deutsche Nationalbibliothek verzeichnet diese Publikation in der Deutschen Nationalbibliografie; detaillierte bibliografische Daten sind im Internet über http://dnb.d-nb.de abrufbar.
Alle in diesem Buch genannten Marken und Produktnamen unterliegen warenzeichen-, marken- oder patentrechtlichem Schutz bzw. sind Warenzeichen oder eingetragene Warenzeichen der jeweiligen Inhaber. Die Wiedergabe von Marken, Produktnamen, Gebrauchsnamen, Handelsnamen, Warenbezeichnungen u.s.w. in diesem Werk berechtigt auch ohne besondere Kennzeichnung nicht zu der Annahme, dass solche Namen im Sinne der Warenzeichen- und Markenschutzgesetzgebung als frei zu betrachten wären und daher von jedermann benutzt werden dürften.

Information bibliographique publiée par la Deutsche Nationalbibliothek: La Deutsche Nationalbibliothek inscrit cette publication à la Deutsche Nationalbibliografie; des données bibliographiques détaillées sont disponibles sur internet à l'adresse http://dnb.d-nb.de.
Toutes marques et noms de produits mentionnés dans ce livre demeurent sous la protection des marques, des marques déposées et des brevets, et sont des marques ou des marques déposées de leurs détenteurs respectifs. L'utilisation des marques, noms de produits, noms communs, noms commerciaux, descriptions de produits, etc, même sans qu'ils soient mentionnés de façon particulière dans ce livre ne signifie en aucune façon que ces noms peuvent être utilisés sans restriction à l'égard de la législation pour la protection des marques et des marques déposées et pourraient donc être utilisés par quiconque.

Coverbild / Photo de couverture: www.ingimage.com

Verlag / Editeur:
Presses Académiques Francophones
ist ein Imprint der / est une marque déposée de
OmniScriptum GmbH & Co. KG
Heinrich-Böcking-Str. 6-8, 66121 Saarbrücken, Deutschland / Allemagne
Email: info@presses-academiques.com

Herstellung: siehe letzte Seite /
Impression: voir la dernière page
ISBN: 978-3-8381-4979-0

Zugl. / Agréé par: Nice, Universite Nice Sophia Antipolis, 2003

Copyright / Droit d'auteur © 2014 OmniScriptum GmbH & Co. KG
Alle Rechte vorbehalten. / Tous droits réservés. Saarbrücken 2014

Table des matières

Introduction   **3**

Chapitre I. Croissance et propriétés de GaN épitaxié sur silicium (111).   **9**
I.1. Quelques propriétés optiques, électriques et structurales des nitrures d'éléments III.   12
I.2. Croissance de GaN épitaxié sur silicium (111).   17
    I.2.1. Préparation de surface du silicium : procédure de désoxydation.   18
    I.2.2. Premières phases de croissance : nucléation et couche tampon.   20
    I.2.3. Croissance de GaN sur une couche d'AlN.   22
    I.2.4. Effet d'un empilement GaN/AlN sur la croissance de GaN.   23
I.3. Caractérisation de GaN épitaxié sur une structure AlN/GaN/AlN/Si(111).   26
    I.3.1. Rugosité de surface.   26
    I.3.2. Propriétés optiques des films de GaN.   42
I.4. Conclusion.   **46**

Chapitre II. Croissance et propriétés de l'alliage (Al,Ga)N massif, de puits quantiques GaN/(Al,Ga)N contraints et d'hétérostructures (Al,Ga)N/GaN épitaxiés sur silicium (111).   **51**
II.1 Croissance et propriétés de l'alliage (Al,Ga)N massif épitaxié sur silicium (111).   51
    II.1.1. Croissance de l'alliage (Al,Ga)N.   51
    II.1.2. Contrainte et phénomènes de mise en ordre dans les films d'(Al,Ga)N.   55
       II.1.2.i. Contrainte dans les films d'(Al,Ga)N mesurée par diffraction de rayons X.   55
       II.1.2.ii. Phénomènes de mise en ordre dans les films d'(Al,Ga)N.   57
    II.1.3. Propriétés optiques des couches minces d'(Al,Ga)N.   59
II.2. Propriétés optiques des puits quantiques GaN/(Al,Ga)N contraints épitaxiés sur silicium (111).   63
    II.2.1. Origine et effets des polarisations spontanée et piézoélectrique sur les propriétés optiques.   64
    II.2.2. Influence de la composition en Al de la barrière et de la largeur des puits sur l'énergie d'émission des puits quantiques et sur le champ électrique dans les puits quantiques GaN/(Al,Ga)N contraints.   69
    II.2.3. Elargissement inhomogène et fluctuations d'épaisseurs des puits quantiques.   74
    II.2.4. Diminution de la force d'oscillateur sous l'effet du champ électrique.   78
II.3. Propriétés électriques d'hétérostructures (Al,Ga)N/GaN épitaxiées sur silicium (111).   **80**
    II.3.1. Principe de formation d'un gaz d'électrons bidimensionnel et fonctionnement d'un transistor à effet de champ à haute mobilité d'électrons (HEMTs).   80

II.3.2. Propriétés structurales et électriques des structures réalisées. 85
II.3.3 Résultats composants. 92
II.4. Conclusion. **95**

Chapitre III. Miroirs sélectifs et dispositifs optoélectroniques à microcavités à base **100**
de GaN et d'(Al,Ga)N.
III.1. Miroirs de Bragg à base de nitrures d'éléments III. **101**
   III.1.1. Des interférences constructives aux propriétés des miroirs de Bragg. 101
   III.1.2. La cavité Fabry-Perot: un modèle simple pour traiter des microcavités à base de 105
   semiconducteurs.
   III.1.3. Microcavités à base de semiconducteurs. 108
   III.1.4. Pré-requis pour la réalisation de miroirs de Bragg efficaces à base de nitrures: 109
   la nécessité d'une forte concentration en aluminium.
   III.1.5. Indice de réfraction : le point de départ dans la conception d'une microcavité. 112
   III.1.6. Croissance et caractérisations de miroirs sélectifs à base d'(Al,Ga)N. 118
     III.1.6.i. Résultats préliminaires : le problème de la fissuration. 119
     III.1.6.ii. Relaxation et contrôle de la contrainte dans les superréseaux. 124
   III.1.7. Utilisation d'un pseudo-substrat pour la croissance de miroirs sélectifs à 131
   base d'(Al,Ga)N non fissurés sur substrat de saphir.
     III.1.7.i. Conditions de croissance de miroirs sélectifs non fissurés. 131
     III.1.7.ii. Propriétés optiques et structurales. 132
III.2. Diodes électroluminescentes à cavité résonante (DELs-CR). **140**
   III.2.1. Réalisation de diodes électroluminescentes (DELs) à cavité résonante émettant à 450 nm. 140
   III.2.2. Evaluation du rendement lumineux et comparaison avec une DEL classique. 143
III.3. Microcavités pour l'étude du couplage lumière-matière. **145**
   III.3.1. Oscillateurs couplés: un système adapté à la description de l'interaction exciton-photon. 147
   III.3.2. Microcavités épitaxiées sur substrat de silicium: un chemin original pour obtenir 149
   le couplage fort.
   III.3.4. Discussion. 155
III.4. Conclusion. **157**

Conclusion. **162**

Annexe A. Réalisation de microcavités hybrides à partir de structures **166**
(Al,Ga)N/GaN épitaxiées sur Si(111).

Introduction

L'objectif principal de l'étude de nouvelles familles de semiconducteurs est d'explorer leurs propriétés et leurs potentiels d'applications dans le large domaine de l'électronique et de l'optoélectronique. L'intérêt de telles études est qu'elles peuvent déboucher sur la démonstration de nouvelles fonctionnalités. Les semiconducteurs III-V traditionnels, à base d'arséniures, phosphures et antimoniures ont prouvé depuis de nombreuses années leurs possibilités en matière de réalisation de composants optoélectroniques et électroniques très performants. Ces performances sont atteintes grâce à des qualités cristallines très élevées obtenues à partir de techniques de croissance épitaxiales telles que l'épitaxie par jets moléculaires (EJM) et l'épitaxie en phase vapeur aux organo-métalliques (EPVOM). La croissance épitaxiale de semiconducteurs III-V sur des substrats accordés en maille tels que GaAs, InP où encore GaSb est maintenant bien maîtrisée. Cependant, ces composés semiconducteurs ne permettent pas, vu leurs propriétés intrinsèques (faible énergie de bande interdite Eg, faible champ de claquage, faible stabilité thermique....) de répondre à certains besoins stratégiques de l'optoélectronique et de l'électronique. Parmi ces besoins citons l'émission et la réception de lumière dans le domaine du visible jusqu'à celui de l'ultraviolet ou l'utilisation de dispositifs électroniques opérant dans des conditions spécifiques (haute température, forte puissance à fréquence élevée). Les semiconducteurs à large bande interdite (Eg>2.5 eV) qu'ils soient des III-V, II-VI ou des IV-IV répondent en partie à ces attentes. Parmi ces semiconducteurs, les nitrures d'éléments III, tels que le nitrure de gallium (GaN) et ses alliages avec l'aluminium et l'indium, ont largement pris leur place dans l'industrie des semiconducteurs depuis la commercialisation en 1993 des premières diodes électroluminescentes (DELs) bleues. Aujourd'hui, des DELs émettant dans le vert, le bleu, et même dans un large domaine spectral (lumière blanche), ainsi que des lasers bleus et violets réalisés à partir de ces matériaux à grande bande interdite sont commercialisés[1,2]. Les nitrures sont également bien adaptés à d'autres domaines d'applications tels que la détection UV et les hyperfréquences[2]. Par ailleurs, ce sont des matériaux qui supportent des températures élevées sans dégradation, ce qui les destinent aussi à des applications à haute température ou fonctionnant sous forte puissance.

En l'absence de monocristaux de GaN pouvant servir de substrat, la technologie actuelle des composants à base de nitrures d'éléments III repose essentiellement sur des structures hétéroépitaxiées sur des substrats de saphir ou de carbure de silicium (SiC). Les applications visées par les nitrures d'éléments III concernant principalement des marchés grand public (affichage, éclairage, équipement automobile...), le développement d'une filière à base de GaN épitaxié sur substrat de silicium présente un intérêt certain. A ce stade de la discussion, il est particulièrement intéressant de noter premièrement, que la différence de paramètre de maille entre le silicium et le GaN (16.1%) est sensiblement égale à celle entre le saphir et le GaN (-16.9%) et deuxièmement, que la différence est telle qu'il n'y a *a priori* pas de raison qu'il y ait plus de défauts dans les couches épitaxiées sur silicium que sur saphir. Il est aussi très important de remarquer que les dispositifs à base de GaN sont particulièrement robustes puisqu'ils conservent des caractéristiques remarquables malgré la présence de densités de défauts très importantes, ce qui distingue nettement cette famille de matériaux des III-V classiques. Au-delà de considérations économiques évidentes, on peut aussi espérer tirer avantage de la grande maturité de la filière technologique silicium pour concevoir des composants innovants. L'utilisation du silicium comme substrat pour l'épitaxie des nitrures d'éléments III pourrait de plus permettre, à terme, une intégration des dispositifs à base de GaN dans la microélectronique silicium.

En dépit des atouts que présentent une telle filière, il existe peu d'équipes impliquées sur la croissance épitaxiale de GaN sur silicium aussi bien par EJM[3,4,5] que par EPVOM[6,7,8]. Ceci est en partie lié à la difficulté de nucléation d'un nitrure d'éléments III sur silicium et à la nécessité de mettre en œuvre un procédé permettant de contrebalancer la contrainte extensive qui apparaît lors du refroidissement post-croissance. En effet, une telle contrainte provoque la formation de fissures rédhibitoires pour la réalisation de dispositifs. Au début de cette thèse, quelques équipes avaient néanmoins montré que des couches de GaN d'épaisseur 2-3 µm pouvaient être épitaxiées sans fissures en EPVOM[8] et en EJM[3] avec une qualité assez proche des couches épitaxiées sur saphir (densité de dislocations de l'ordre de $3\text{-}5\times10^9$ cm^{-2} contre $1\text{-}5\times10^9$ cm^{-2} pour les croissances sur substrat de saphir). En ce qui concerne la réalisation de dispositifs, la puissance optique des diodes électroluminescentes sur silicium reportées en début de thèse était notablement plus faible que celle des diodes sur saphir, mais avec une puissance de l'ordre de 100 µW[9], on pouvait déjà envisager des applications pour l'affichage de faible puissance et bas coût. De plus, les mobilités d'électrons ($\mu=1620\,\text{cm}^2/\text{Vs}$) et les densités de porteurs ($N_s=4\times10^{12}\,\text{cm}^{-2}$) présentes dans les hétérostructures (Al,Ga)N/GaN[10] laissaient entrevoir la réalisation de transistors à effet de champ à haute mobilité d'électrons (HEMTs) avec des caractéristiques en termes de puissance et de fréquence adaptées à des applications pour la téléphonie mobile. Le silicium en tant que substrat pour l'épitaxie des nitrures paraissait donc potentiellement intéressant pour la réalisation de dispositifs optoélectroniques et électroniques.

Le présent travail de thèse s'inscrit dans une thématique de recherche qui a pour objet l'évaluation des potentialités de Si (111) comme substrat pour l'hétéroépitaxie de GaN et de son alliage (Al,Ga)N ainsi que de valider cette filière à travers des hétérostructures de qualité suffisante pour des applications composants. Il s'agit également par ce travail de compléter le savoir faire acquis au laboratoire sur les nanostructures quantiques (In,Ga)N/GaN destinées à la réalisation de DELs[11]. L'objectif plus précis de cette thèse était d'une part de mettre en œuvre une ingénierie des microcavités en vue à la fois de leur étude physique et de leur application à la fabrication de DELs à cavité résonante et d'autre part de démontrer l'intérêt des hétérojonctions (Al,Ga)N/GaN pour la réalisation de HEMTs.

Bien que les meilleurs résultats en termes de performances des dispositifs optoélectroniques tels que les DELs ou diodes lasers soient actuellement obtenus par EPVOM, l'EJM reste la méthode de choix pour l'élaboration d'hétérostructures complexes à interfaces multiples mettant en jeu les différents nitrures d'éléments III et leurs alliages (Al,Ga,In)N[12,13]. Ceci est en partie lié au fait que l'EJM offre la possibilité d'utiliser une large panoplie d'outils d'étude et de contrôle *in situ*, dont le plus classique est la diffraction d'électrons de haute énergie en incidence rasante (RHEED). Cette technique permet le contrôle de la croissance à la monocouche (MC) moléculaire près, mais aussi la détermination de la composition des alliages ternaires et le suivi en temps réel de la relaxation des contraintes[14]. L'ensemble du travail présenté ici est en fait basé sur la réalisation de structures (Al,Ga)N sur substrat Si (111) par EJM.

Après avoir rappelé brièvement quelques propriétés optiques, électriques et structurales des nitrures d'éléments III, nous consacrons le premier chapitre du mémoire à la croissance et aux propriétés de films minces de GaN épitaxiés sur silicium (111). Nous montrons que le procédé original mis au point avant le début de cette thèse au laboratoire, reposant sur la structure de la couche tampon et l'optimisation des paramètres de croissance, permet d'obtenir des couches de GaN épitaxiées sur silicium à l'état de l'art. Cependant la morphologie des surfaces de GaN ainsi obtenues est très différente de celle observée lors de la croissance par EPVOM. Nous nous sommes donc attachés à comprendre les mécanismes contrôlant la morphologie de surface à "grande" échelle de films minces de GaN en conjuguant l'analyse *in situ* menée par RHEED et l'analyse *ex situ* de la surface par microscopie à force atomique.

Outre leur intérêt considérable pour le développement de composants optoélectroniques et électroniques classiques, les nitrures d'éléments III apparaissent également bien adaptés à l'étude de l'interaction forte lumière-matière et de la physique des polaritons. En effet, les semiconducteurs à base de nitrures d'éléments III possèdent une énergie de liaison de l'exciton et une force d'oscillateur élevées et devraient permettre d'observer des effets polaritoniques à température ambiante[15]. Le premier objectif qui sous-tend les études menées dans les chapitre II et III est ainsi d'obtenir des structures à puits quantiques GaN/(Al,Ga)N et des miroirs de Bragg à base d'(Al,Ga)N avec des caractéristiques *ad hoc* pour la réalisation de dispositifs optoélectroniques à microcavités. Un deuxième objectif est de démontrer l'intérêt de l'hétérostructure (Al,Ga)N/GaN pour la réalisation de HEMTs.

Nous avons donc été amenés à étudier tout d'abord les propriétés structurales et optiques de l'alliage (Al,Ga)N massif (chapitre II). Les propriétés optiques des puits quantiques GaN/(Al,Ga)N ont ensuite été étudiées en vue de comprendre les mécanismes fondamentaux dont elles découlent et d'en déduire les conditions optimales pour obtenir des structures à puits quantiques présentant des forces d'oscillateurs élevées et des élargissements inhomogènes faibles. Nous avons ainsi quantifié le fort champ électrique interne présent dans les puits quantiques GaN/(Al,Ga)N contraints épitaxiés sur substrat de silicium et montré son effet sur l'élargissement inhomogène et sur la force d'oscillateur. Les champs de polarisations élevés ont une autre conséquence importante sur les propriétés électriques des hétérostructures (Al,Ga)N/GaN. Le chapitre II est donc complété par une description concise de ces propriétés. Nous en montrons les potentialités à travers la réalisation de transistors à effets de champ à haute mobilité d'électrons (HEMTs) en collaboration avec des laboratoires spécialisés, TIGER (laboratoire commun IEMN-Thales Research & Technology) et Daimler-Chrysler.

La question de savoir s'il est possible d'épitaxier des miroirs sélectifs (ou miroirs de Bragg), avec une réflectivité importante, un fort contraste d'indice et non fissurés à partir du couple de matériaux (Al,Ga)N/GaN est centrale en vue de la réalisation de dispositifs optoélectroniques à microcavités. Les problèmes rencontrés au cours de la réalisation de ces miroirs sélectifs ont deux origines principales : le faible contraste d'indice des matériaux GaN et AlN et le fort désaccord de paramètre de maille existant entre ces deux nitrures d'éléments III. Pour résoudre ces problèmes nous présentons dans le chapitre III une approche analytique de la relaxation des contraintes. Nous proposons et développons un moyen de contrôler la contrainte que nous appliquons à la réalisation de miroirs de Bragg (Al,Ga)N/GaN. Les diodes électroluminescences à cavité résonnante bleues réalisées à partir de tels miroirs de Bragg mettent en valeur aussi bien leur qualité structurale que leurs propriétés optiques. Enfin, nous abordons dans la dernière partie de ce chapitre l'interaction lumière-matière dans des microcavités et nous montrons que le régime de couplage fort dans les nitrures d'éléments III peut être obtenu à partir d'une microcavité massive de GaN extrêmement simple en mettant à profit le substrat de silicium.

Bibliographie de l'introduction

1 S. Nakamura, and G. Fasol, "The blue Laser Diode", Springer, Berlin (1997).

2 "Group III Nitride Semiconductor compounds: Physics and Applications", Edited by B. Gil, Oxford Science Publications, Clarendon Press, Oxford (1998).

3 F. Semond, N. Grandjean, Y. Cordier, F. Natali, B. Damilano, S. Vezian, and J. Massies, Phys. Status Solidi (a) **188**, 501 (2001).

4 E. Calleja, M.A. Sanchez-Garcia, F.J. Sanchez, F. Calle, F.B. Naranjo, E. Minoz, S.I. Molina, A.M. Sanchez, F.J. Pacheco, and R. Garcia, J. Cryst. Growth **201-202**, 296 (1999).

5 S.A. Nikishin, N.N. Faleev, V.G. Antipov, S. Francoeur, L. Grave De Peralta, G.A. Seryogin, H. Temkin, T.I. Prokofyeva, M. Holtz, and S.N.G. Chu, Appl. Phys. Lett. **75**, 2073 (1999).

6 A. Dadgar, J. Blasing, A. Diez, A. Alam, M. Heuken, and A. Krost, Jpn. J. Appl. Phys. **39**, 1183 (2000).

7 H. Marchand, L. Zhao, N. Zhang, B. Moran, R. Coffie, U.K. Mishra, J.S. Speck, S.P. DenBaars, and J.A. Freitas, J. Appl. Phys. **89**, 7846 (2001)

8 E. Feltin, B. Beaumont, M. Laügt, P. De Mierry, P. Vénnègues, H. Lahrèche, M. Leroux, and P. Gibart, Appl. Phys. Lett. **79**, 3230 (2001).

9 A. Dadgar, A. Alam, T. Riemann, J. Bläsing, A. Diez, M. Poschenrieder, M. Strassburg, M. Heuken, J. Christen, and A. Krost, Phys. Status Solidi (a) **188**, 155 (2001).

10 F. Semond, P. Lorenzini, N. Grandjean, and J. Massies, Appl. Phys. Lett. 78, 335 (2002).

11 *Nanostructures (Ga,In,Al)N : croissance par épitaxie sous jets moléculaires, propriétés optiques, application aux diodes électroluminescentes*, B. Damilano, thèse de doctorat, Université de Nice Sophia-Antipolis (2001).

12 N. Grandjean, B. Damilano, S. Dalmasso, M. Leroux, M. Laügt, and J. Massies, J. Appl. Phys. Lett. 86, 3714 (1999).

13 B. Damilano, N. Grandjean, J. Massies, L. Siozade, and J. Leymarie, Appl. Phys. Lett. **77**, 1268 (2000).

14 J. Massies, and N. Grandjean, J. Cryst. Growth **201/202**, 382 (1999).

15 M. Saba, C. Ciuti, J. Bloch, V. Thierry-Meig, R. André, Le Si Dang, S. Kundermann, A. Mura, G. Bongiovanni, J. L. Staehli, and B. Deveaud, Nature **414**, 731(2001).

Chapitre I. Croissance et propriétés de GaN épitaxié sur silicium (111).

En l'espace de dix ans les nitrures d'éléments III sont devenus les matériaux de référence pour l'optoélectronique bleue et ultraviolette et l'une des familles de semiconducteurs les plus prometteuses pour l'électronique hyperfréquence, de puissance et haute température et ceci alors que toute la technologie des composants à base de nitrures repose sur des structures hétéroépitaxiées. En effet, en l'absence de substrats de GaN de taille suffisante pour l'épitaxie de couches minces à vocation industrielle, ou même de substrats en quasi-accord de paramètre de maille, le saphir (Al_2O_3) est, avec le carbure de silicium (SiC), le substrat le plus couramment utilisé pour l'hétéroépitaxie des nitrures. De telles hétéroépitaxies où, ni les paramètres de maille, ni les coefficients de dilatation thermique ne sont adaptés, génèrent des densités de dislocations très élevées (supérieures à 10^8 cm^{-2}). Bien évidemment, le rendement des composants optoélectroniques et électroniques s'en ressent, mais l'effet des dislocations est cependant moins pénalisant pour les nitrures que pour les semiconducteurs III-V classiques. C'est en effet la seule famille de semiconducteurs commercialisée (depuis 1993), qui permet d'obtenir des composants optoélectroniques (DELs, Lasers) dans le domaine des courtes longueurs d'ondes avec des rendements élevés et des durées de vie importantes malgré une forte densité de dislocations.

Le saphir est à l'heure actuelle le substrat le plus couramment utilisé pour l'épitaxie du GaN. Malgré son fort désaccord paramétrique avec GaN, le saphir de par sa transparence (possibilité d'émettre ou de collecter la lumière par le substrat) reste le substrat de référence pour la réalisation de DELs et de détecteurs UV. La principale limitation du saphir provient de sa faible aptitude à évacuer la chaleur ce qui limite la durée de vie et les puissances de sorties des applications lasers et des dispositifs de puissances.

De par son excellente conductibilité thermique, 9 fois plus élevée que celle du saphir, le SiC est à l'heure actuelle le substrat le mieux adapté et le plus prometteur pour la réalisation de dispositifs de puissances. Il possède de plus un désaccord paramétrique avec le GaN plus faible que celui du saphir, en tant que semiconducteur (type n et p) il permet la fabrication de dispositifs à géométrie verticale et il est aussi disponible en semi-isolant pour les applications haute fréquence. En terme de performances, les caractéristiques des LEDs et des détecteurs UV (puissance, rendement) ne sont cependant pas encore très supérieures à celles obtenues sur saphir. Le saphir a en fait encore un bel avenir devant lui et ce tant que le SiC restera aussi rare (il n'y a que quelques sociétés capables d'en fournir, en particulier la société américaine CREE qui possède un quasi-monopole), aussi cher, et de qualité médiocre.

Vu les problèmes soulevés par ces substrats traditionnels des nitrures, certains industriels (IBM, EMCORE...) et laboratoires de recherche se sont tournés à partir des années 1996-1998 vers l'épitaxie des nitrures d'éléments III sur silicium[1,2,3]. En effet, en raison du faible coût, de la grande taille (jusqu'à 12 pouces) et de la grande disponibilité des substrats de silicium, une réduction significative du coût de fabrication des composants est attendue. L'utilisation du silicium permet également de contourner les brevets déposés par la firme japonaise *Nichia Chemical Industry* pionnière dans l'industrialisation des DELs et lasers sur substrat de saphir et par le quasi-monopole de la société CREE, seul grand fournisseur de substrat de SiC. De plus l'utilisation du silicium comme substrat pour l'épitaxie des nitrures d'éléments III, pourrait permettre à terme une intégration des dispositifs à base de GaN dans la microélectronique silicium. On peut aussi espérer tirer avantage de la grande maturité de la filière technologique silicium pour concevoir des dispositifs originaux par exemple des membranes auto-supportées de nitrures pour la réalisation de diodes à microcavités[4]. Le silicium présente également l'avantage d'être disponible de type n, p et résitif ; on peut donc l'utiliser pour injecter des porteurs et réaliser ainsi des dispositifs à géométrie verticale ce qui n'est pas possible avec le saphir (isolant). De plus, contrairement au saphir et au SiC, l'attaque du silicium par gravure chimique est facile ce qui ouvre des perspectives intéressantes. En revanche, le silicium cristallise dans la structure diamant qui est de symétrie cubique et n'est a priori pas compatible avec l'épitaxie des nitrures en phase wurtzite qui est la phase la plus mature. Néanmoins, comme le plan (111) présente une symétrie hexagonale avec un paramètre de maille effectif $b_{Si(111)} = a_{Si}/\sqrt{2} = 3.8395$, l'utilisation de substrats de silicium orientés (111) permet l'épitaxie de nitrures d'éléments III en phase wurtzite (hexagonale).

Les principales caractéristiques des substrats de saphir (0001), SiC (0001) et silicium (111) pour l'épitaxie des nitrures d'éléments III sont reportées dans le tableau I.1.

Dans ce chapitre, nous traitons de la croissance et des propriétés de couches minces de GaN épitaxiées sur des substrats de silicium (111). Après avoir rappelé brièvement quelques propriétés optiques, électriques et structurales des nitrures d'éléments III, nous reviendrons sur les différents problèmes liés à l'épitaxie de GaN sur silicium : nucléation, fissuration, densité de dislocations..... Un procédé original reposant sur l'optimisation des paramètres de croissance ainsi que sur la structure de la couche tampon permet de surmonter les problèmes évoqués précédemment. Ce procédé mis au point au laboratoire par F. Semond, J. Massies et N. Grandjean[5], avant le début de cette thèse, permet d'obtenir des couches de GaN épaisses (3 microns) sans fissures[6,7]. Nous verrons dans le cadre du présent travail que ce procédé permet de réaliser des hétérostructures à base de GaN et en particulier, d'obtenir des caractéristiques de transistors à haute mobilité électronique (HEMT) (Al,Ga)N/GaN comparables aux meilleurs résultats obtenus sur substrat saphir et SiC.

	Saphir (0001)	6H-SiC	Si(111)
Paramètre de maille dans le plan	4.763	3.080	5.430
Désaccord paramétrique avec GaN (%)	15.9	3.5	-16.9
Coefficient de dilatation thermique (10^{-6}/K) à 300K	7.5	4.7	2.59
Désaccord du coefficient de dilatation thermique avec celui de GaN (%) à 300K	-17	32	139
Conductivité thermique (W.cm^{-1})	0.5	3.8	1.5
Conductivité électrique	Isolant	n, p, semi-isolant	n, p, résistif
Possibilité de transfert (lift-off)	Difficile	Difficile	Facile
Disponibilité	2-8"	2-3"	2-12"
Prix du 2" (Euros)	100	1000-6000	10

Tableau I.1 *Caractéristiques de différents substrats pour l'épitaxie des nitrures d'éléments III.*

Nous discuterons ensuite de la rugosité de surface des couches de GaN épitaxiées selon ce procédé. Malgré les bonnes caractéristiques matériaux obtenues (en terme de propriétés structurales, optiques et électroniques) et les performances des dispositifs réalisés grâce à ce procédé, il existe une différence flagrante entre la morphologie de surface des couches épitaxiées par jets moléculaires et en phase vapeur d'organo-métalliques. Nous nous sommes donc attachés à l'étude de la morphologie de surface de GaN à l'échelle de la dizaine de µm^2 dans les conditions de croissance optimisées pour obtenir un matériau présentant des propriétés optiques et électroniques à l'état de l'art. Nous avons mis en évidence l'existence de deux types de morphologie de surface de GaN en fonction de l'épaisseur épitaxiée. Nous interprétons la transition entre ces deux morphologies comme la conséquence du passage d'un mode de croissance par avancée de marches à un mode de croissance où la nucléation 2D est active. Pour conclure ce chapitre, nous discuterons de la corrélation entre les propriétés optiques de couches minces de GaN et leurs propriétés structurales.

I.1. Quelques propriétés optiques, électriques et structurales des nitrures d'éléments III.

Qualifiés de matériaux stratégiques pour l'électronique et l'optoélectronique, les nitrures d'éléments III présentent en effet de grandes potentialités en tant qu'émetteurs et détecteurs de lumière. Par rapport aux semiconducteurs classiques (silicium, arséniures, phosphures…), l'intérêt des nitrures d'éléments III est qu'ils présentent de grandes discontinuités de bandes électroniques et que l'étendue de leur énergie de bande interdite directe, 0.8 eV pour InN, 3.4 eV pour GaN et 6.2 eV pour AlN à 300 K, permet de couvrir l'ensemble du spectre du visible ainsi que les ultraviolets A [320-440 nm] et B [280-320 nm]

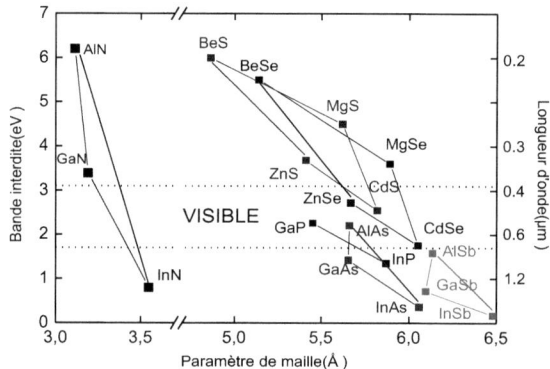

Figure I.1 *Bande interdite de divers composés semiconducteurs en fonction du paramètre de maille a. Les nitrures d'éléments III couvrent une large gamme spectrale qui s'étend du rouge (0.65 µm)) à l'ultraviolet (0.2 µm).*

(figure I.1). Dans le domaine de l'électronique, les nitrures d'éléments III par leurs propriétés remarquables, forte vitesse de saturation des électrons, fort champ de claquage, large discontinuité de bande et grande stabilité thermique permettent d'obtenir des performances en terme de puissance, de fréquence et de température de fonctionnement supérieures aux semiconducteurs III-V classiques. Quelques grandeurs électroniques caractéristiques de GaN et des matériaux classiquement utilisés pour la réalisation de composants électroniques sont présentées dans le tableau I.2. Nous traiterons plus en détails des propriétés de transport des gaz d'électrons bidimensionnels dans le chapitre II de ce manuscrit.

	Si	GaAs	6H-SiC	GaN
Energie de bande interdite (eV) à 300 K	1.1 indirect	1.4 direct	2.9 indirect	3.4 direct
Mobilité des électrons (cm^2/V.s)	1400	8500	600	1000
Mobilité des trous (cm^2/V.s)	600	400	40	30
Vitesse de saturation (10^7 cm/s)	1	2	2	2.5
Champ de claquage (10^6 V/cm)	0.3	0.4	4	>5

Tableau I.2 *Comparaison des grandeurs électroniques caractéristiques de Si, GaAs, 6H-SiC et GaN.*

Propriétés structurales.

Les nitrures d'éléments III ont la particularité de pouvoir cristalliser selon deux phases : une phase hexagonale wurtzite stable et une phase cubique blende de zinc métastable. L'obtention en croissance épitaxiale d'une phase plutôt qu'une autre dépend des conditions de croissance et principalement de l'orientation du substrat. La phase hexagonale est préférentiellement obtenue à partir de l'orientation (0001) pour un substrat hexagonal ou de l'orientation (111) pour un substrat cubique. C'est dans cette phase que les dispositifs les plus performants aussi bien que ceux commercialisés sont réalisés à l'heure actuelle. Tous les échantillons epitaxiés et étudiés dans cette thèse sont de phase wurtzite. La phase cubique est obtenue à partir de plans (001) d'un substrat cubique. Les structures wurtzite et blende de zinc sont très proches et ne se différencient qu'à partir des deuxièmes voisins. La figure I.2 montre l'arrangement tétraédrique des liaisons atomiques des deux phases dans le cas de GaN.

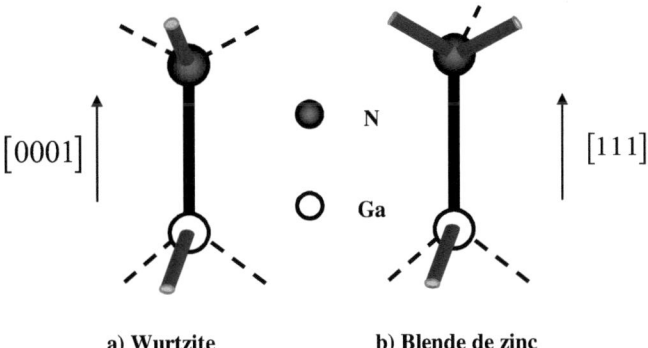

a) **Wurtzite** b) **Blende de zinc**

Figure I.2 *Liaisons entre deux plans adjacents (0001) et (111) de Ga et N : a) dans la phase hexagonale (wurtzite) b) dans la phase cubique (blende de zinc). Dans la phase hexagonale les trois liaisons de N sont les images de celles de Ga par un miroir, alors que dans la phase cubique elles sont tournées de 60°.*

La phase wurtzite et la phase blende de zinc diffèrent seulement par la séquence d'empilement des tétraèdres élémentaires : séquence ABAB suivant l'axe [0001] pour la wurtzite (figure I.3.a)) et ABCABC suivant l'axe [111] pour la blende de zinc (figure I.3.b)). La phase wurtzite, i.e la phase stable, correspond à deux sous-réseaux hexagonaux compacts, un réseau hexagonal d'atomes d'azote interpénétrant un même réseau d'atomes de gallium, séparés par une distance correspondant à la longueur de la liaison Ga-N (u). La structure wurtzite est dite idéale lorsque $c/a = \sqrt{8/3} \approx 1.633$ et $u = 3c/8 \approx 0.375 \times c$. Elle est alors composée de tétraèdres réguliers. Dans le cas de GaN, le rapport c/a est égal à 1.626, et même si l'on peut considérer en première approximation que la structure de GaN est proche de la structure hexagonale parfaite, ce très faible désaccord entraîne de fortes conséquences sur les propriétés de polarisation du matériau[8]. La grandeur c correspond au paramètre de maille selon l'axe (0001) et est associé à deux mono-couches "moléculaires".

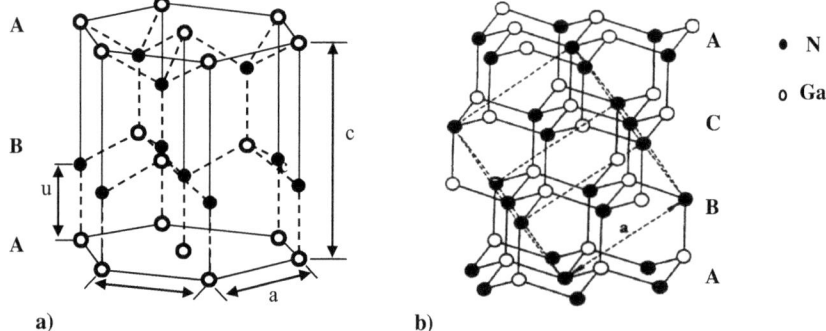

Figure I.3 *Structures cristallines de GaN. a) structure wurtzite et b) structure blende de zinc.*

L'axe (0001) de la structure wurtzite ne possède pas de centre de symétrie et la direction (0001) n'est alors pas équivalente à la direction (000$\overline{1}$) : la structure wurtzite est dite polaire. On distingue les différentes polarités de GaN selon l'orientation des liaisons de l'élément III. Si l'atome de gallium possède trois liaisons pendantes selon la direction de croissance (0001), le matériau est de polarité "azote". Dans le cas ou l'atome de gallium a une seule liaison pendante, on dit que le cristal est de polarité "gallium".

Il a été montré que la croissance selon la polarité azote entraîne la formation de nombreux domaines d'inversions qui modifie radicalement la morphologie de surface[9] (augmentation de la rugosité, défauts pyramidaux) et l'incorporation de nombreuses impuretés[10]. Il a été également montré que la qualité des couches de nitrures d'éléments III est meilleure lorsqu'elles sont de polarité gallium[11]. Il est possible, dans le cas de l'épitaxie par jets moléculaires (EJM), de déterminer la polarité des couches *in situ* d'après les reconstructions de surfaces observées sur le diagramme de diffraction d'électrons de haute énergie en incidence rasante (RHEED acronyme de reflection high energy electron diffraction). Dans notre cas (EJM avec l'ammoniac comme précurseur d'azote) on observe une reconstruction 2x2 pour des températures inférieures à 550°C (sous flux d'ammoniac), caractéristique de la polarité gallium[12]. Il ne faut cependant pas confondre polarité et terminaison de surface. Le cristal peut être de polarité gallium et la surface terminée par des atomes d'azote.

Paramètres de maille, coefficients de dilatation thermique et coefficients élastiques.

Nous donnons dans ce paragraphe les paramètres de maille, les coefficients de dilatation thermique et élastiques que nous avons utilisés dans les différents calculs présentés dans ce manuscrit.

Les paramètres de maille a et c des nitrures d'éléments III dans la structure wurtzite (d'après Strite et al.[13]) sont donnés dans le tableau I.3, ainsi que le rapport c/a, la valeur de u/c (d'après Bernardini et al.[8]), le désaccord paramétrique par rapport à GaN de AlN et InN et les coefficients de dilatation thermique (d'après Morkoç et al.[14]). On remarque ainsi que GaN est en compression sur AlN et en tension sur InN. Les différents composés GaN, AlN et InN ont des paramètres de maille très différents ce qui induit de fortes contraintes et/ou des densités de dislocations importantes lors de leurs épitaxies. La prise en compte des phénomènes de relaxation dans la conception et l'élaboration d'un dispositif est donc primordiale. On constate que les rapports c/a et b/a du GaN sont très proches de ceux d'une structure wurtzite idéale (1,633 et 0,375), tandis que celui d'AlN en est beaucoup plus éloigné. On s'attend donc à des effets de polarisation spontanée plus prononcés pour AlN que pour GaN et InN. Nous reviendrons sur les conséquences de tels effets au chapitre II.

	a (Å)	c (Å)	c/a	u/c	$\frac{\Delta a}{a}$ /GaN (%)	α (a) (10^{-6}/K)	α (c) (10^{-6}/K)
GaN	3,189	5,185	1,626	0,376	-	5.59	3.17
AlN	3,112	4,982	1,600	0,380	-2,4 %	4.2	5.3
InN	3,548	5,760	1,623	0,377	10,9 %	4	3

Tableau I.3 *Paramètres de maille a, c, rapport c/a, u/c, désaccord paramétrique par rapport à GaN pour AlN et InN en phase wurtzite et les coefficients de dilatation thermique.*

Les valeurs des coefficients élastiques C_{ij} déterminées expérimentalement par Deger et al.[15] et par Polian et al.[16,17] sont données dans le tableau I.4. Il est important de souligner qu'il existe une grande disparité dans les valeurs publiées, aussi bien pour les valeurs mesurées que théoriques. Ces différences pourraient éventuellement s'expliquer par les différentes méthodes de mesures utilisées (diffraction de rayons X, propagation d'ondes acoustiques, diffusion Brillouin...), mais aussi par l'état de contrainte, la densité de dislocations ou bien encore le dopage des couches étudiées.

	C_{11} (GPa)	C_{12} (GPa)	C_{13} (GPa)	C_{33} (GPa)	références
GaN	370	145	110	390	Deger et al.[15]
	390	145	106	398	Polian et al.[16]
AlN	410	140	100	390	Deger et al.[15]
	410.5	148.5	98.9	388.5	Polian et al.[17]

Tableau I.4 *Coefficients élastiques des nitrures d'éléments III en phase wurtzite.*

Influence des paramètres de croissance sur les propriétés structurales, optiques et électriques de GaN.

Ces paramètres ont été optimisés avant le début de ce travail de thèse. Il s'agit donc seulement dans ce paragraphe d'exposer succinctement les conditions de croissance utilisées pour obtenir un matériau présentant des propriétés optoélectroniques et électroniques à l'état de l'art. Les deux paramètres importants qui influent sur les propriétés structurales, optiques et électriques des nitrures d'éléments III sont, classiquement, le rapport V/III et la température de croissance.

Un des problèmes critiques de l'EJM des nitrures est de trouver une source d'azote efficace. En effet la molécule d'azote (N_2) est extrêmement stable, et l'obtention d'azote atomique est très difficile. Deux possibilités existent : un plasma d'azote ECR (source à plasma à résonance cyclotron) ou RF (source plasma radiofréquence), ou un gaz précurseur contenant de l'azote se décomposant à la surface de l'échantillon, le plus communément utilisé étant l'ammoniac (NH_3). C'est cette dernière possibilité qui est utilisée au laboratoire (à noter cependant que la plupart des équipes impliquées dans l'EJM des nitrures utilisent une source à plasma d'azote).

L'efficacité de craquage de NH_3 dépend de la température de surface de l'échantillon : la décomposition de NH_3 est proche de 0 pour des températures inférieures à 450°C et atteint un maximum de 4% pour une température de 800°C. Ce faible rendement explique les très forts flux de NH_3, typiquement de l'ordre de 10^{-4} Torr, nécessaires lors des croissances de

GaN. Le rapport V/III "effectif", en tenant compte de l'efficacité de craquage de NH_3, des flux incident, exprimé en BEP, est égal à 12.4[*].

La morphologie de surface est très sensible au rapport V/III et à la température de croissance. Pour un rapport effectif V/III = 1 la morphologie de surface est la conséquence de la formation de spirales de croissance caractéristiques d'une croissance par avancée de marches alors que pour un rapport V/III > 4 de larges îlots à base hexagonale sont observées et la rugosité de surface augmentent avec l'épaisseur du film déposée[18]. Pour des épitaxies de GaN à plus hautes températures, 850°C par exemple, la surface étudiée en AFM montre des trous correspondant à des pyramides à base hexagonale inversées initiées par des dislocations traversantes liés probablement à la très forte ré-évaporation du GaN et à un trop faible flux d'ammoniac[19,20,21] pour une telle température. Wu et al.[22] ont associé la formation de ces pyramides à la différence de vitesse d'incorporation du gallium sur la surface (0001) et sur les surfaces $\{10\bar{1}1\}$. Néanmoins la morphologie de surface et la rugosité restent très similaires à celles que l'on peut observer pour des échantillons réalisés à 800°C. Les spectres de photoluminescence de couches épitaxiées à 850°C, montrent les signatures de défauts structuraux dues à des défauts prismatiques et/ou des fautes d'empilements ainsi que des excitons liés à des dislocations (bandes à 3.41 eV, 3.35 eV et 3.2 eV [23,24]).

L'effet du rapport V/III sur les propriétés optiques a été étudié au laboratoire par Grandjean et al.[25]. La conclusion générale est que les propriétés de GaN épitaxiée par EJM avec NH_3 comme précurseur d'azote sont meilleures lorsque la croissance est effectuée sous excès de NH_3. Ils ont montré que la réduction du rapport V/III entraîne une augmentation de la concentration d'impuretés dans le matériau et notamment d'oxygène, se traduisant par une augmentation de la bande jaune sur les spectres de photoluminescence (centrée à 2.2 eV).

I.2. Croissance de GaN sur silicium (111).

Pour réussir à épitaxier des couches de nitrures d'éléments III de bonne qualité sur des substrats de silicium (111), il faut non seulement s'accommoder du fort désaccord paramétrique mais aussi s'affranchir de plusieurs autres difficultés. Deux de ces difficultés concernent la nucléation d'un nitrure sur le substrat de silicium sans l'altérer et la croissance d'une couche tampon qui va permettre de réduire la densité de dislocation et d'obtenir par la

---

[*] Le rapport V/III "effectif" en tenant compte des facteurs d'efficacité d'ionisation η_i, de la température des cellules T_i et de la masse molaire M_i de l'élément i est donné par $R=(P_{NH3}/P_{Ga})(\eta_{NH3}/\eta_{Ga}) [(T_{Ga}.M_{Ga})/(T_{NH3}.M_{NH3})]^{0.5}$; il est égal à 62.

suite une croissance de GaN bidimensionnelle. Ces étapes de croissance sont primordiales pour la qualité des échantillons. Dans le cas de la croissance sur substrat de saphir, la couche tampon peut être aussi bien du GaN[26,27] que de l'AlN[28]. En ce qui concerne la croissance sur silicium, seule une couche tampon d'AlN permet d'obtenir des couches de nitrures d'éléments III de bonne qualité structurale[29,30]. En effet lorsque le gallium est mis en contact avec le silicium, il se produit une gravure chimique de la surface du substrat qui empêche la croissance directe de GaN sur silicium. En revanche, il existe une relation de coïncidence dite "4/5" entre les paramètres de maille dans le plan de l'AlN et du Si(111) ($a_{AlN(0001)} / \{b_{Si(111)} = a_{Si}/\sqrt{2}\} = 4/5$) ce qui permet de relaxer en grande partie le désaccord paramétrique par création de dislocations coins interfaciales[31]. Néanmoins l'utilisation d'une couche d'AlN n'est pas sans poser de problèmes : pour obtenir une croissance bidimensionnelle, la couche tampon d'AlN doit être épitaxiée à haute température et dans le même temps il faut éviter que l'aluminium et le silicium ne diffusent respectivement dans le substrat et dans la couche épitaxiée. L'autre point important est qu'il faut impérativement éviter la formation de nitrure de silicium Si_3N_4 amorphe, entre la surface de silicium et la couche tampon, qui empêcherait que la relation épitaxiale s'établisse. Après avoir discuté de ces différents points critiques, nous montrerons qu'une dernière difficulté doit être surmontée pour réaliser des films de nitrures d'éléments III destinés à des applications optoélectroniques et électroniques. En effet, le GaN possède un coefficient de dilatation thermique très supérieur à celui du silicium (5.59×10^{-6} K^{-1} pour GaN et 2.59×10^{-6} K^{-1} pour silicium), et les couches de nitrures épitaxiées sur substrat de silicium subissent une forte contrainte extensive lors du refroidissement post-croissance. Cette contrainte est à l'origine de la formation de fissures dans la couche épitaxiée, ce qui est rédhibitoire pour la réalisation de dispositifs.

I.2.1. Préparation de surface du Silicium : procédure de désoxydation.

Au cours de cette étude des substrats de silicium 2″ orientés (111) (0° +/- 1°) ont été utilisés et qu'il soit de type n, p ou résistif, tous les substrats ont subi la même procédure initiale. Sans aucune préparation chimique préalable, le substrat est introduit dans le module de dégazage (vide de base 1×10^{-10} Torr) et sa température est portée à 600°C pendant 12 heures. Il est ensuite introduit dans la chambre de croissance attenante au module de dégazage. Le four de croissance est au préalable dégazé pendant une vingtaine de minutes à 1000°C, ce qui permet d'éliminer l'ammoniac résiduel qui se trouve dans le voisinage du four afin d'éviter une nitruration non contrôlée lors de la désoxydation[†]. Il faut en effet savoir qu'au moment de l'introduction du substrat dans la chambre de croissance le vide est de l'ordre de 10^{-9} Torr (vide de base 1×10^{-10} Torr) et qu'il s'agit essentiellement d'un résiduel NH_3 provenant des croissances précédentes. Le substrat est porté à une température de 600°C puis l'oxyde natif est désorbé par un "flash thermique" à 950-1000°C (montée rapide de l'ordre de 10 secondes et maintient très bref, environ 5 secondes avant un retour rapide à 600°C). On suit l'évolution de la surface du silicium par RHEED. A haute température, après désorption de l'oxyde, le diagramme de RHEED de la surface est 1×1 et nous notons l'apparition de la reconstruction de surface 7×7 lors de la redescente en température, vers 830°C. La température de cette transition, $1\times1 \rightarrow 7\times7$, nous sert de température de référence pour calibrer notre pyromètre (émissivité égale à 0,6). La figure I.4.a) montre une image AFM de 5×5 µm² de la surface de silicium ainsi obtenue. Nous constatons la présence en surface qu'une quantité très importante de cristallites ($\approx 3\times10^9$ cm⁻²), il s'agit probablement de cristallites de SiC (à l'aide du RHEED, on devine la présence de ces cristallites par l'apparition de taches diffuses et de très faible intensité). Il est en effet bien connu que le carbone présent sur l'oxyde natif se convertit en SiC au moment de la désoxydation à 950-1000°C. Ces cristallites bloquent localement le développement des terrasses ce qui courbe les bords des marches. Récemment dans le cadre d'une étude sur l'influence de la vicinalité du substrat sur la croissance des nitrures, nous avons développé une procédure "très haute température" afin d'éliminer la formation des cristallites et d'obtenir des surfaces à marches régulières et périodiques. Cette procédure utilise 3 "flashs thermiques" à 1150°C (pyromètre) puis un recuit long à 950°C suivit d'une redescente lente (1°C/s) vers la température ambiante[32]. La figure I.4.b) montre une surface de silicium ainsi préparée; la surface est composée alternativement et périodiquement de terrasses et de bords de marches de hauteur égale à $\approx$ 3.2 Å. Cette différence de hauteur correspond à la distance entre deux plans atomiques suivant la direction [111] du silicium qui est égale au paramètre de maille du silicium (a_{si} = 5.43 Å) divisé par $\sqrt{3}$, soit 3.13 Å. Une moyenne arithmétique de la largeur des terrasses à partir d'images AFM de 15×15 µm² donne $\approx$ 1 µm signifiant que la surface possède une désorientation résiduelle d'environ 0,02°. Au moment de la rédaction de ce manuscrit, nous ne connaissons pas encore l'influence de la présence des cristallites sur la croissance des nitrures. En fait lors du procédé "très haute température", qui permet d'obtenir ces surfaces parfaites de silicium, le four de croissance fonctionne dans des conditions

---

[†] La quantité de NH_3 que nous utilisons lors des croissances étant très importante, la pression de NH_3 en croissance est supérieure à 10^{-5} Torr, nous régénérons le panneau cryogénique chaque nuit.

extrêmes puisqu'il atteint une température voisine de 1400°C (thermocouple). La durée de vie du four étant sans doute largement réduite par ce type de traitement nous n'avons pas jugé bon de le réaliser trop fréquemment ce qui explique que nous ne pouvons pas encore conclure sur l'influence de ces cristallites de SiC sur l'hétéroépitaxie des nitrures mais des études sont en cours.

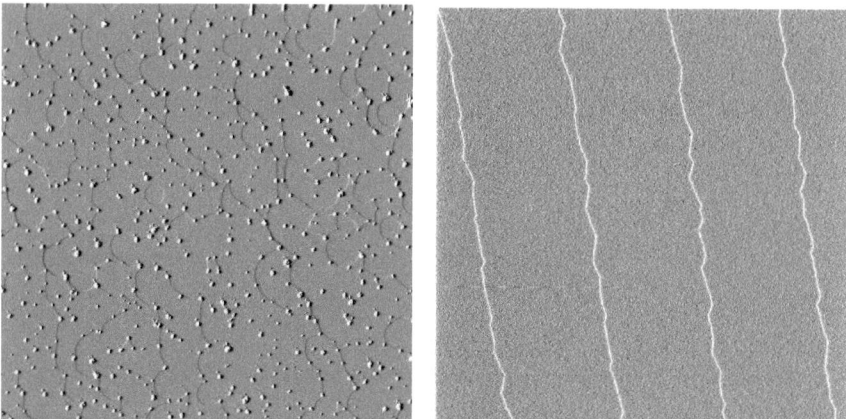

Figure I.4 *Images AFM 5×5 µm² de la surface de silicium : a) après une désoxydation à 1000°C. b) après le procédé haute température.*

I.2.2. Premières phases de croissance : nucléation et couche tampon.

Le point essentiel lors des premières phases de croissance est d'éviter la formation d'une couche amorphe de nitrure de silicium (Si_3N_4) afin d'établir la meilleure relaxation épitaxiale entre le substrat de silicium et la couche tampon d'AlN. Dans ce but, une des approches envisageable est d'initier la croissance par un dépôt de quelques monocouches d'Al, formant une phase Al-Si évitant ainsi la formation d'une couche de nitrure de silicium amorphe. L'introduction de l'azote (NH_3 dans notre cas) se fait ensuite soit simultanément avec l'Al soit de façon alternée avec l'Al pendant quelques monocouches (MC). La couche de nucléation ainsi obtenue permet l'épitaxie d'une couche tampon d'AlN, d'épaisseurs 40-200 nm. C'est précisément cette procédure qui est utilisée par les quelques équipes impliquées dans la croissance de GaN sur silicium par EJM[29,33,34] (notons que ces équipes utilisent un plasma d'azote). Notons aussi que cette approche est aussi largement utilisée en MOCVD[35,36]. Néanmoins, lorsque nous réalisons une telle procédure dans notre réacteur, nous obtenons au final et quel que soit le type de couche tampon utilisé (couche tampon d'AlN simple ou couche tampon complexe constituée par une alternance d'AlN/GaN/AlN, cf I.2.3 et I.2.4) des couches de GaN fissurées et ne présentant pas les meilleures propriétés optiques. Une autre procédure de croissance a donc été mise en place au laboratoire. Elle est fondamentalement différente puisque nous introduisons l'ammoniac avant l'aluminium. Dans cette approche, la quantité d'ammoniac injectée et la température de la surface de silicium (reconstruite 7×7) sont deux paramètres très importants. Une quantité trop élevée d'ammoniac conduit à la formation d'une couche amorphe de Si_3N_4 de plusieurs dizaines d'angströms d'épaisseur, qui se traduit par une croissance tridimensionnelle d'AlN et par la présence de fissures dans la couche de GaN finale. La surface de Si (111) n'est donc exposée que quelques secondes à un faible flux d'ammoniac (≈ 4-5 Langmuir). Cette exposition se fait à basse température, 600°C, afin de diminuer le taux de décomposition de l'ammoniac, ce qui permet d'éviter la nitruration. En fait cette exposition de la surface de Si à l'ammoniac agit comme une passivation de la surface. La surface Si (111) reconstruite 7×7 se transforme après exposition à l'ammoniac en une reconstruction 1×1. Un recuit à 830°C fait apparaître une reconstruction d'intensité faible qui est une 8/3×8/3 caractéristique des premières étapes de dissociation de la molécule de NH_3[37]. Le rôle de cette phase de surface n'est pas encore bien compris mais notre expérience indique qu'elle influence grandement les propriétés des films de GaN épitaxiés sur silicium. Il est d'ailleurs important de signaler que parallèlement et simultanément à nos travaux, un autre groupe[38] a reporté l'importance de cette sur-structure de surface. Nous déposons ensuite une monocouche d'Al à 600°C pour former une interface Al-N-Si (première monocouche d'AlN sur Si) facilitant l'épitaxie de la couche tampon d'AlN. La croissance de l'AlN est initiée à basse température ce qui permet d'une part de limiter le transport de matière et d'obtenir ainsi une couche uniforme recouvrant entièrement la surface, et d'autre part d'éviter une possible nitruration du Si. Cependant, afin d'obtenir des couches tampons d'AlN de bonne qualité, il est nécessaire de poursuivre la croissance à haute température. En effet la température de croissance de la couche tampon d'AlN est un paramètre important dans l'obtention d'une transition rapide vers un mode de croissance bidimensionnel. Finalement, pour éviter que l'aluminium et le silicium ne diffusent respectivement dans le substrat et dans la couche épitaxiée et pour obtenir rapidement une croissance bidimensionnelle, nous utilisons une température de nucléation de 650°C et une vitesse de croissance de l'AlN de 0,1µm/h. La température de croissance est ensuite augmentée régulièrement pendant les 4-5 premiers nanomètres jusqu'à une température de 920°C. L'épaisseur de la couche tampon est comprise entre 40 et 50 nm. Elle correspond typiquement à l'épaisseur à partir de laquelle les raies du diagramme de RHEED deviennent fines et nettes.

Au-delà de cette épaisseur, nous ne voyons pas d'amélioration significative du diagramme de RHEED. L'évolution du diagramme de RHEED lors des premiers stades de la nucléation et lors de la croissance de la couche tampon d'AlN est reportée sur la figure I.5. L'écart entre les raies de diffraction du RHEED est proportionnel à l'inverse du paramètre de maille a (parallèle au plan des couches). Ceci nous permet de calculer le taux de relaxation de la couche tampon d'AlN, défini par $(a_{AlN}-a^r_{AlN})/a^r_{AlN}$ où a_{AlN} est le paramètre de maille d'AlN variant pendant la croissance et mesuré pendant la croissance et a^r_{AlN} est le paramètre de maille relaxé d'AlN à température de croissance. Ce taux pour une couche d'AlN de 40 nm est de 0.15%, ce qui indique que la couche tampon est relaxée.

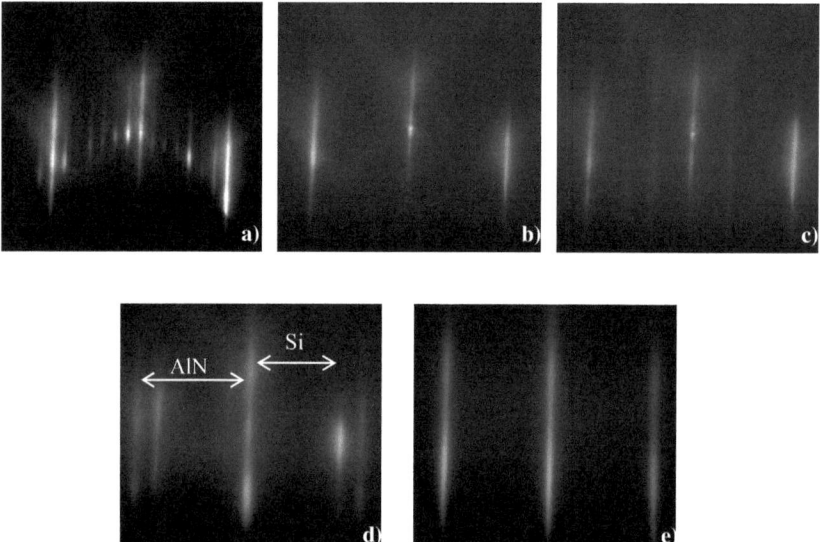

Figure I.5 *Evolution du diagramme de RHEED suivant l'axe [110] durant la phase de nucléation et la croissance de la couche tampon d'AlN : a) Surface de Si(111) reconstruite 7×7. b) Surface de Si(111) après l'exposition de NH$_3$ à 600°C. c) Surface de Si(111) après l'exposition de NH$_3$ à 600°C et un recuit à 830°C. Apparition d'une reconstruction 8/3×8/3. d) Réflexion 1×1 de la première monocouche d'AlN à 600°C. La réflexion 1×1 de la surface de silicium est encore visible. e) Réflexion 1×1 de l'AlN à la fin de la couche tampon (40-50 nm) à 920°C.*

I.2.3. Croissance de GaN sur une couche tampon d'AlN.

Généralement dans l'hétéroépitaxie des nitrures sur substrats de saphir, des couches de GaN et de ses alliages (Al,In,Ga)N de bonne qualité sont directement épitaxiées sur la couche tampon (GaN ou AlN). Bien évidemment, ceci passe par une optimisation de la température de croissance et de l'épaisseur de la couche tampon. A titre d'exemple, Grandjean *et al.*[26], ont mis en évidence le rôle majeur que joue la température de croissance d'une couche tampon de GaN d'épaisseur 250 Å sur les propriétés structurales et optiques de couches épaisses de GaN. Dans le cas de l'hétéroépitaxie sur substrats de silicium, nous avons observé que les couches de GaN directement épitaxiées sur la couche tampon d'AlN possèdent d'une part une densité de dislocations traversantes très élevée, supérieure à 10^{10} cm^{-2} et, d'autre part les couches de GaN d'épaisseur supérieure à 1 µm sont fissurées, ce qui est rédhibitoire pour la réalisation de dispositifs. Ces fissures proviennent du fait que le GaN possède un coefficient de dilatation thermique très supérieur à celui du silicium. Il s'en suit que celui-ci subit une contrainte extensive lors du refroidissement post-croissance qui est à l'origine de la formation des fissures qui partent de la surface de la couche épitaxiée et qui ensuite se propage dans la couche. Il est évidemment indispensable d'éliminer la formation de ces fissures en vue d'applications optoélectroniques et électroniques. De même, il est indispensable de diminuer la densité de dislocation, sachant que les dislocations sont des centres de recombinaisons non radiatives[39,40,41] diminuant par exemple les rendements externes des DELs ou lasers.

I.2.4. Effets d'un empilement GaN/AlN sur la croissance ultérieure de GaN.

Nous avons vu que la contrainte extensive que subissent les couches de GaN sur silicium lors du refroidissement post-croissance a pour origine la forte différence de coefficients d'expansion thermique entre le substrat et la couche épitaxiée. Il est donc important de trouver un moyen qui va permettre de diminuer la contrainte en tension, responsable de la fissuration de GaN. L'idée développée dans ce paragraphe est de contre-balancer en partie l'extension qui se produit lors du refroidissement post-croissance, en imposant une contrainte compressive à la couche de GaN à la température de croissance. Différentes techniques sont rapportées dans la littérature pour diminuer la contrainte dans les films de GaN. On peut citer parmi celles-ci l'utilisation de superréseaux AlN/GaN en EPVOM[42], ou l'introduction de couches fines d'AlN déposées à basse température[43,44]. Ces techniques, quelles qu'elles soient font intervenir l'AlN car c'est le nitrure d'élément III qui présente le plus petit paramètre de maille (mismatch de 2,5% avec le GaN). En ce qui nous concerne, nous avons constaté qu'une seule alternance GaN/AlN au dessus de la couche tampon d'AlN permet d'imposer une contrainte compressive résiduelle suffisante pour empêcher la formation des fissures. Afin que la contrainte compressive imposée par la couche d'AlN dans la couche de GaN finale soit maximale, il est nécessaire que la couche d'AlN soit relaxée à la température de croissance. De ce fait une épaisseur d'AlN de 250-300 nm est déposée. L'épaisseur de la couche de GaN formant l'alternance GaN/AlN est également de 250-300 nm. La vitesse de croissance et la température de croissance utilisée pour l'AlN sont respectivement de 0,1µm/h et de 920°C, alors que le GaN est déposé à 0,9 µm/h et 800°C. En utilisant un tel système de contre-balancement de la contrainte, des couches de GaN sans fissures et relativement épaisses (1,5-3 microns) sont épitaxiées sur silicium.

Nous nommerons désormais : "GaN intermédiaire" la couche de GaN de l'alternance AlN/GaN/AlN, "couche tampon" l'alternance AlN/GaN/AlN et "couche de GaN finale" la couche de GaN épaisse épitaxiée sur la couche tampon. La figure I.6 montre l'évolution du diagramme de RHEED à la fin de ces différentes étapes. Notons que lors de la croissance de GaN sur AlN, avec nos conditions de croissance, il n'y a pas de transition 2D-3D et que la croissance de GaN est bidimensionnelle tout au long de la croissance et que le diagramme de RHEED présente des raies typiques d'une surface 2D. Nous avons également reporté, figure I.6.d), le diagramme de RHEED d'une couche de GaN à température ambiante sous vide (sans

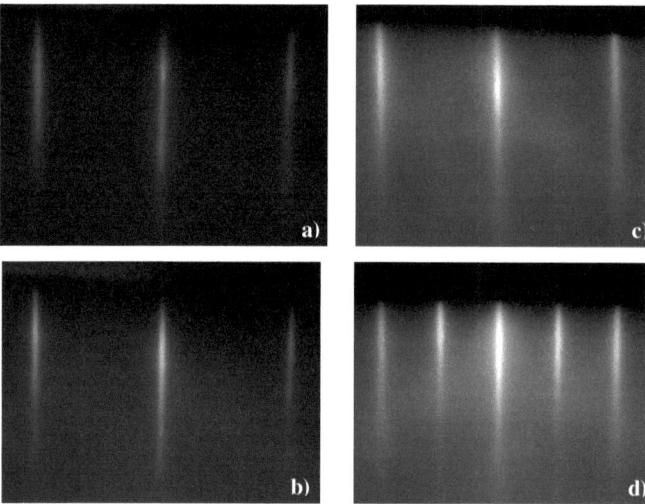

Figure I.6 *Evolution du diagramme de RHEED suivant l'axe [110] durant le procédé de croissance. a) À la fin du GaN de la couche intermédiaire. b) À la fin de la couche d'AlN d'épaisseur 250 nm de la couche tampon à 800°C. c) À la fin d'une couche de GaN finale d'épaisseur 2 microns à 800°C sous NH_3. d) Surface de GaN sous vide à température ambiante reconstruite 2×2.*

flux d'ammoniac). La surface de GaN est reconstruite 2×2. Cette reconstruction apparaît en fait lors du refroidissement, après la croissance, vers 550°C sous flux de NH_3. Si le flux de NH_3 est maintenu, une transition 2×2→1×1 est observée[45] lors du retour à température ambiante. L'observation de cette reconstruction permet d'identifier la polarité du matériau épitaxié, il s'agit de la polarité gallium.

Propriétés Structurales.

Nous avons tout d'abord cherché la présence éventuelle d'une couche de type nitrure de silicium à l'interface entre la couche de nucléation AlN et le substrat. La figure I.7.a) montre une image MET en haute résolution de l'interface AlN/Si(111). L'interface est abrupte et nous n'observons pas de couche interfaciale amorphe de type Si_3N_4. La Figure I.7.b) montre une image MET en section transverse de l'ensemble de la structure décrite précédemment, c'est-à-dire, le substrat avec la couche tampon (hétérostucture AlN/GaN/AlN) plus la couche finale de GaN. Nous constatons que les 4 interfaces semblent toutes contribuer à la réduction de la densité de dislocations. Cependant la dernière interface, entre la couche tampon et la couche de GaN finale, est clairement la plus efficace dans le processus de réduction de la densité de dislocations. La raison la plus probable de cette diminution est que, le fort désaccord de paramètre de maille entre AlN et GaN génère un champ de contrainte suffisamment important près de l'interface pour courber les dislocations, et ainsi favoriser leurs interactions qui peuvent conduire à des processus d'annihilations. Nous observons que les processus d'annihilations sont très actifs dans les deux cents premiers nanomètres de la

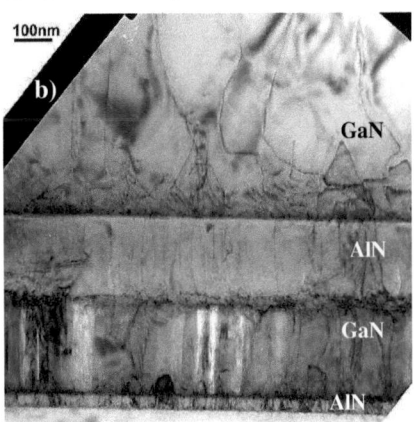

Figure I.7. *a) Image MET haute résolution en section transverse de l'interface AlN/Si(111). b) Image MET en champ sombre (réflexions (0002)) en section transverse de l'ensemble de la structure de notre procédé (couche tampon AlN/GaN/AlN plus couche finale de GaN).Seules les dislocations de types vis ou mixtes sont visibles sur ce cliché.*

couche de GaN qui se trouve au dessus de la couche tampon. Sahonta et al.[46] ont observé un processus d'annihilation similaire. Ils ont montré que la contrainte compressive dans les couches de GaN est relaxée par la migration latérale des dislocations traversantes et que leurs interactions conduisent à une diminution de la densité de dislocations en fonction de l'épaisseur du film de GaN épitaxié. Nous constatons également dans notre cas une diminution significative de la densité de dislocations en fonction de l'épaisseur de la couche finale de GaN déposée, de 1.5×10^{10} cm^{-2} à 2×10^{9} cm^{-2} pour des épaisseurs respectives de 0.25 µm et 3.06 µm. Nous traiterons plus en détail de la relaxation d'une couche de GaN épitaxiée sur la couche tampon AlN/GaN/AlN et de la réduction de la densité de dislocations en fonction de l'épaisseur de la couche de GaN finale dans le paragraphe I.3. Notons néanmoins que l'origine de cette réduction n'est pas encore totalement comprise[46].

Le tableau I.4 présente une comparaison de quelques figures de mérite typique des nitrures entre les couches de GaN épitaxiées suivant notre procédé sur silicium (111) et celles épitaxiées sur saphir.

	Si(111)	Saphir (0001)
Densité de dislocations (cm^{-2})	5×10^9	2×10^9
Rayons X, scan ω (002) (arcsec)	600	300
Largeur à mi-hauteur de PL à 10K (meV)	8	3.3

Tableau I.4 *Grandeurs caractéristiques (densités de dislocations, largeurs de raies de diffraction de rayons X et de photoluminescence) de nos échantillons de GaN réalisées sur silicium. Nous comparons ces grandeurs à celles correspondant à des couches de GaN épitaxiées par EJM sur saphir.*

I.3. Caractérisation de GaN épitaxié sur une structure AlN/GaN/AlN/Si(111).

Dans cette partie, la morphologie de surface et les propriétés optiques de films de GaN d'épaisseurs comprises entre 250 nm et 3.06 µm non fissurés épitaxiés sur une couche tampon d'AlN/GaN/AlN sont étudiées par microscopies à force atomique (AFM) et électronique à transmission (MET), photoluminescence (PL) et réflectivité (R) à basse température (10K).

I.3.1. Rugosité de surface.

Quelques outils pour traiter de la rugosité de surface.

Plusieurs fonctions mathématiques permettent de quantifier la rugosité de surface à partir d'images AFM. La première consiste à calculer la largeur de l'interface w (ou "rugosité"), définie par la racine carrée de la valeur quadratique moyenne des hauteurs (RMS) (équation I.1):

avec
$$w = \left\langle \left(h_i - \overline{h}\right)^2 \right\rangle^{1/2} \qquad \text{I.1}$$

$$\overline{h} = \langle h_i \rangle$$

où h_i est l'épaisseur du film à la position i sur la surface, et $\langle \ \rangle$ signifie la moyenne spatiale. Cette fonction de h est généralement utilisée pour caractériser les surfaces de croissance. Elle donne une valeur moyenne liée à l'amplitude des fluctuations de hauteur de la surface dans la direction de croissance. Cependant cette fonction ne rend pas compte de la géométrie liée aux variations de hauteur dans le plan et pour une étude plus approfondie de la rugosité, il est préférable d'introduire la fonction de corrélation des hauteurs (équation I.2):

$$G(\rho) = \left\langle \left(h_j - h_i\right)^2 \right\rangle \qquad \text{I.2}$$

où h_i et h_j sont les épaisseurs de la couche à la position i et j séparée dans le plan de croissance par la distance ρ et $\langle \ \rangle$ est la moyenne des différentes paires i-j possibles.

Dans le cas où la largeur d'interface w suit une loi d'échelle[47,48] (i.e. que les fluctuations de la surface présentent un comportement universel), w dépend de l'épaisseur du matériau déposée par une loi de puissance (équation I.3) :

$$w \propto t^{\beta} \qquad \text{I.3}$$

Pour des épaisseurs suffisamment élevées, w atteint une valeur constante qui varie en fonction de la taille du système (équation I.4) :

$$w \propto L^{\alpha} \qquad \text{I.4}$$

L est la longueur caractéristique du système, par exemple la taille de la zone sur laquelle est effectuée le calcul de la moyenne et α et β sont respectivement les exposants de rugosité et de croissance (ou dynamique). L'exposant α est lié à la géométrie de la surface dans le plan, et l'exposant β traduit la vitesse à laquelle se développe la rugosité. La fonction de corrélation, dans le cas d'un comportement d'échelle, présente une dépendance similaire à celle de la largeur d'interface w. $G(\rho)$ suit une loi de puissance[47,48] :

et
$$G(\rho) \propto \rho^{2\alpha} \quad \text{pour } \rho \text{ faible} \qquad \text{I.5}$$

$$G(\rho) \propto t^{2\beta} \quad \text{pour } \rho \text{ grand} \qquad \text{I.6}$$

Pour conclure notons que si la largeur de l'interface w suit une loi d'échelle alors $G(\rho \to \infty)$ est directement proportionnelle à w^2.

La figure I.8 présente les images AFM de taille 5×5 µm² prises pour différentes épaisseurs t de GaN. La morphologie de ces surfaces peut être vue comme un ensemble de pyramides tronquées à base hexagonales que nous appellerons "collines" pour éviter toutes confusions avec les grains cristallographiques[49]. Cette morphologie est en fait caractéristique de la croissance EJM-NH$_3$ des nitrures en condition standard (température < 850°C et excès de NH$_3$). A première vue ces collines semblent être dues à un phénomène de rugosité cinétique, lié au fait que la croissance se fait par nucléation 2D[50]. Une analyse détaillée de l'évolution de la morphologie avec le temps de croissance montre que la situation n'est pas si simple.

Pour quantifier la variation de la rugosité de surface en fonction de l'épaisseur de GaN nous avons effectué des mesures AFM à partir d'images 15×15 µm² car dans ce cas la largeur d'interface ne dépend pratiquement plus de la taille de l'image (la largeur d'interface mesurée à partir d'une image AFM 15×15 µm² est identique à celle mesurée à partir d'une image 10×10 µm² alors qu'elle est plus faible pour une image 5×5 µm²). La figure I.9 a) présente la variation de la largeur d'interface w en fonction de l'épaisseur de GaN déposée. On observe deux régimes de rugosité différents (la ligne pointillée visualise la transition entre ces deux régimes) : l'un, pour des épaisseurs inférieures à 0.7 µm, où la rugosité est constante quelque soit l'épaisseur de la couche de GaN, et l'autre, pour des épaisseurs supérieures à 0.7µm, où la rugosité augmente en fonction de l'épaisseur de la couche de GaN.

Portons notre attention dans un premier temps sur l'évolution de la rugosité pour des épaisseurs supérieures à 0.7 µm. Dans ce cas la rugosité augmente régulièrement en fonction de l'épaisseur. Cette variation suit une loi de puissance $w \propto t^{\beta}$, avec $\beta = 0.30 \pm 0.02$, et nous en concluons que pour des épaisseurs supérieures à 0.7 µm, w suit le régime d'échelle. Ce comportement est par définition caractéristique du phénomène de rugosité cinétique. On constate cependant que le régime de saturation n'est pas atteint pour les épaisseurs de GaN

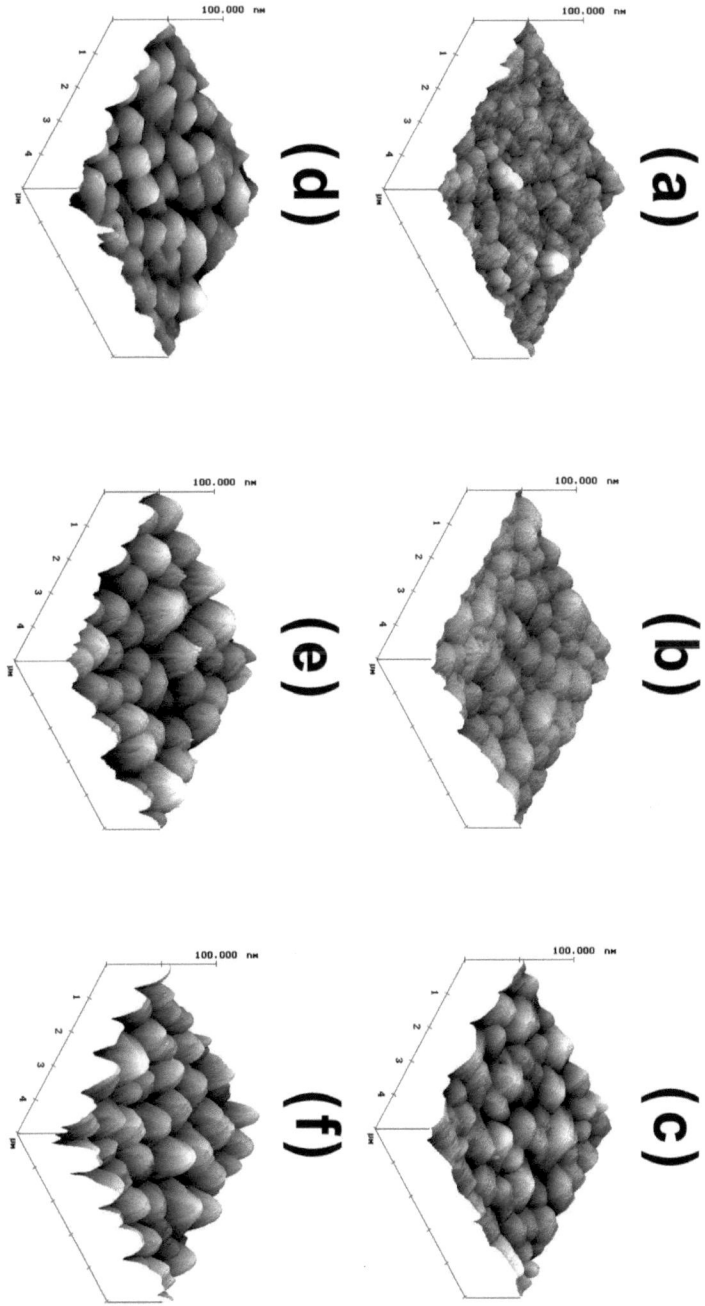

Figure I.8. Images AFM de 5×5 μm² montrant l'évolution de la morphologie de surface en fonction de l'épaisseur t déposée :(a) correspondant à t = 0,2 μm (b) à t = 0,4 μm (c) à t = 0,66 μm (d) à t = 0,71 μm (e) à t =1,96 μm (f) à t =3,06 μm.

étudiées qui sont inférieures ou égales à ≈ 3 µm (ce qui parait évident si l'on considère l'équation I.4). Notons que Tarsa et al.[60] ont déterminé un exposant dynamique $\beta \approx 0.5$ dans le cas d'une croissance homoépitaxiale de GaN par EJM à source plasma d'azote et sous condition riche en azote ce qui traduit dans leur cas un développement plus rapide de la rugosité probablement du à une plus faible diffusion de surface.

Dans le premier régime de croissance observé (t<0.7 µm), qui correspond aux premiers stades de l'épitaxie de GaN sur la couche tampon, la largeur de l'interface est indépendante de l'épaisseur de GaN et reste constante ($w \approx$ 2.9 nm). w ne vérifie donc pas une loi d'échelle pour les faibles épaisseurs. Un comportement similaire a déjà été reporté durant la croissance pseudomorphique de l'alliage $Ge_{1-x}Sn_x$ sur Ge (001) et a été interprété par un changement de la nature de la rugosité, c'est-à-dire par une transition entre rugosité cinétique aux faibles compositions en Sn (et donc pour une contrainte faible) et rugosité induite par la relaxation élastique de la contrainte aux fortes compositions en Sn[51]. Nous discuterons plus loin du possible rôle de la contrainte sur la rugosité, connu sous le nom d'instabilité d'Asaro-Tiller-Grinfeld[52,53,54].

Si maintenant nous portons notre attention sur la dépendance de la distance moyenne séparant les collines d en fonction de l'épaisseur, figure I.9.b), nous observons également deux régimes bien distincts avec une transition à la même épaisseur que celle observée pour la rugosité de surface évoquée précédemment (t ≈ 0.7 µm). Pour le premier régime (t<0.7) nous observons que la distance moyenne augmente fortement avec l'épaisseur du film de GaN déposée. Dans les premiers stades de la croissance, la distribution de la taille latérale des collines est inhomogène et varie par exemple de 250 à 850 nm pour une épaisseur de 0.2 µm (figure I.8.a)). Une augmentation de la taille des collines est visible pour des épaisseurs de 0.4 µm et de 0.66 µm et dans ce dernier cas leur taille est comprise entre 580 nm et 1400 nm. Au delà de cette épaisseur (second régime), la surface atteint un régime stationnaire puisque la densité et la taille de ces collines ne varient pas de façon significative. La distribution en taille des collines devient homogène et leur taille latérale n'excédent pas 1 µm. Nous qualifierons désormais le régime pour lequel la distance moyenne séparant deux collines adjacentes d augmente en fonction de l'épaisseur, de régime d'"étalement" (cas des figures I.8.a), b) et c)). Pour une épaisseur de GaN inférieure à 0.7µm, la relation entre d et t suit une loi de puissance $d \propto t^n$ avec n = 0.35 ± 0.03, la taille latérale des collines augmente. A titre de comparaison des valeurs $n \approx$ 0.7 et ≈ 0.4 ont été reportées durant l'homoépitaxie à basse température de Si[55] et Ge[56]. Dans le second régime (t>0.7μm), la distance moyenne séparant les collines d ne dépend plus de l'épaisseur et $d \approx 1$ μm. Soulignons que ces résultats ne sont pas en accord avec les études théoriques menées par Šmilauer *et al.*[57] et Golubović[58] qui prévoient que la distance moyenne séparant les collines d et la largeur d'interface w doivent augmenter en même temps. Notons également que la formation de collines similaires a déjà été reportée durant la croissance d'AlN sur Al_2O_3 (0001)[59] et GaN sur GaN(0001)[60]. Mais contrairement à nos observations, la rugosité de surface et la taille latérale des collines augmentent avec l'épaisseur déposée dans ces deux cas.

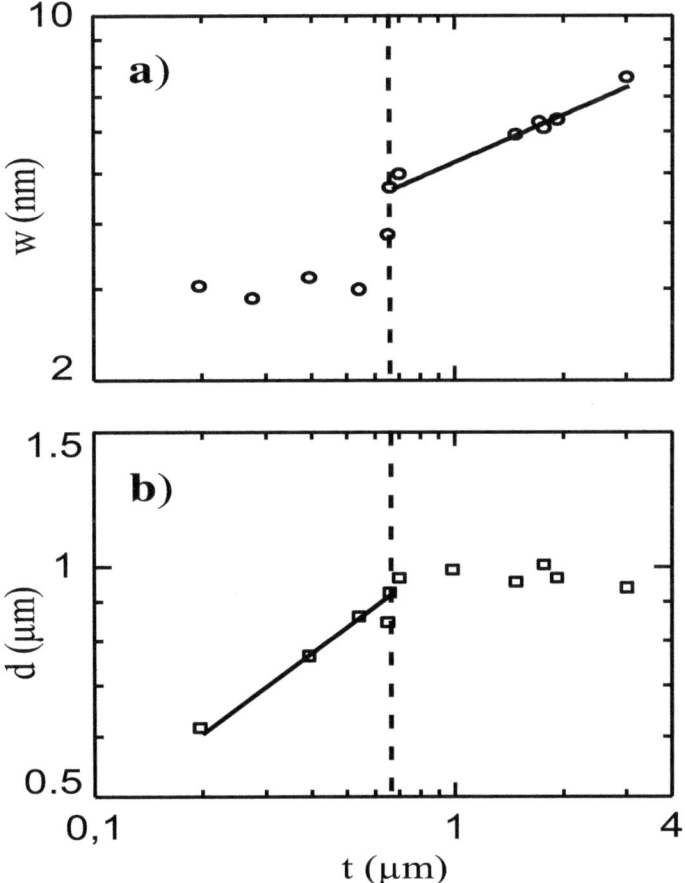

Figure I.9. *a) Evolution de la rugosité de surface w de GaN en fonction de l'épaisseur déposée. b) Evolution de la distance moyenne d séparant les collines en fonction de l'épaisseur de GaN déposée. w et d sont calculés à partir d'image AFM de 15×15 μm².*

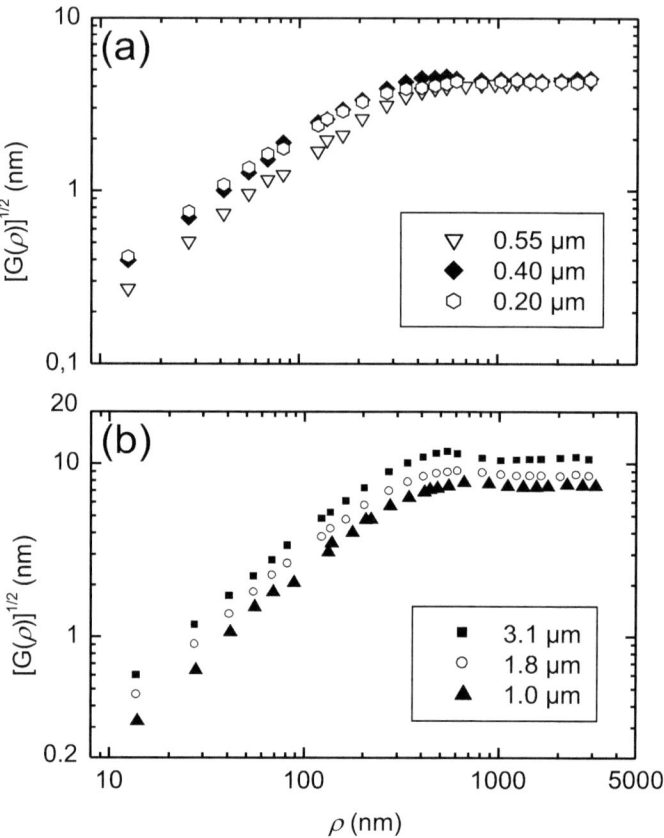

Figure I.10. *Racine carrée des fonctions de corrélation des hauteurs $G(\rho)^{1/2}$ calculées à partir d'images AFM pour différentes épaisseurs de GaN. a) dans le régime d'"étalement". b) dans le régime de rugosité cinétique.*

L'autre possibilité pour quantifier la rugosité d'une surface est de calculer la fonction de corrélation des hauteurs $G(\rho)$. La figure I.10 montre l'évolution de la racine carrée de la fonction de corrélation des hauteurs calculée pour différentes épaisseurs et pour différentes images AFM. Dans tous les cas, $\sqrt{G(\rho)}$ suit une loi d'échelle (équation I.5 et I.6). Dans le régime d'"étalement" (t<0.7 µm), nous constatons que α croît continuellement avec l'épaisseur (0.72 pour 0.2 µm, 0.78 pour 0.4 µm et 0.83 pour 0.55 µm). A l'opposé, pour des épaisseurs déposées supérieures à 0.7 µm, l'exposant de rugosité α est indépendant de l'épaisseur et α ≈ constante ≈ 0.92 ± 0.02.

En résumé, il faut retenir que pour des épaisseurs de GaN supérieures à 0.7 µm, la surface suit un comportement d'échelle avec α ≈ 0.92 et β ≈ 0.3. Ce comportement est par définition caractéristique du phénomène de rugosité cinétique. L'évolution de la morphologie de surface est très différente pour des épaisseurs inférieures à 0.7 µm, où la morphologie évolue en fonction de l'épaisseur sans que la rugosité augmente.

Nous avons confirmé l'origine cinétique de la rugosité de surface développée pour des épaisseurs supérieures à 0.7µm par l'effet de recuits hautes températures. La figure I.11.a) et la figure I.11.b) sont des images AFM 5×5 µm² montrant la morphologie de surface avant et après un recuit thermique d'une couche de GaN d'épaisseur 2 µm. Le recuit est réalisé dans un réacteur de croissance EPVOM à 1000°C pendant 15 min et sous une pression d'ammoniac de 100 Torr[‡], et nous nommerons ce type de recuit dans la suite de ce manuscrit recuit "EPVOM". Nous constatons que le recuit a pour effet de changer radicalement la morphologie de surface. En effet la surface présente après recuit de larges terrasses plates avec des marches moléculaires de hauteur 2.59 Å, et la largeur d'interface w calculée à partir d'une image AFM de 15 × 15 µm² n'est plus que de 0.7 nm contre 6.5 nm avant recuit. Cette morphologie de surface est typiquement celle observée pour des surfaces de couches de GaN épitaxiées par EPVOM, pour lesquelles la température de croissance est comprise entre 1000°C et 1100°C. Cette expérience met donc clairement en évidence l'origine cinétique de la rugosité de surface des couches de GaN réalisées par EJM : le recuit à haute température permet à la surface de se rapprocher de la situation d'équilibre. La morphologie est alors seulement imposée par la désorientation résiduelle du cristal et la fixation des marches par les dislocations vis en accord avec la théorie classique de Burton, Cabrera et Frank (BCF) [61,62] en conditions de très faible sur-saturation. La figure I.11.c) montre une image AFM 1×1 µm² de l'échantillon recuit. Les points noirs correspondent à des dépressions de la surface de GaN et sont associés à l'émergence des dislocations[63]. On peut distinguer deux types de dépressions correspondant à l'émergence de différents types de dislocations[64]. Les dépressions de petite taille se trouvant sur les terrasses correspondent à l'émergence de dislocations n'ayant que de composantes dans le plan de croissance, c'est à dire des dislocations coins dites de type a. Les

---

[‡] Les recuits on été réalisés au CRHEA dans un réacteur de croissance EPVOM industriel (Thomas Swan Scientific Equipment) par B. Beaumont, Z. Bougrioua et E. Frayssinet.

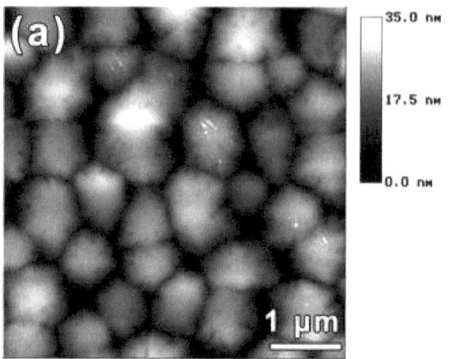

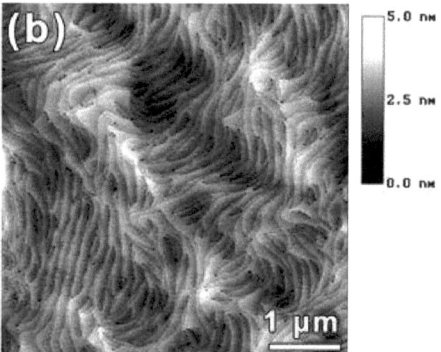

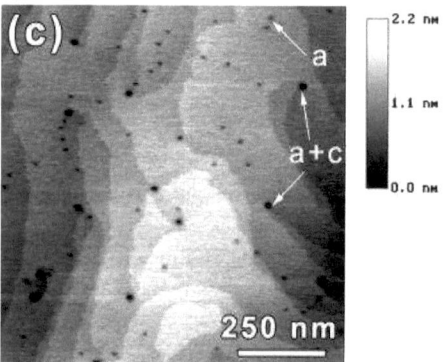

Figure I.11. *a) Image AFM 5×5 µm² de la surface obtenue par croissance EJM de 2 µm de GaN. b) Image AFM 5×5 µm² du même échantillon après un recuit dans un réacteur de croissance EPVOM à 1000°C pendant 15 min et sous une pression d'ammoniac de 100 Torr. c) Image 1×1 µm² de la surface obtenue après recuit. Les dépressions de petites tailles sont associées à des dislocations coins (a) et les dépressions de grandes tailles à des dislocations à composantes vis (a+c).*

dépressions de taille plus grande se situent au point où les terrasses moléculaires se rejoignent. Dans ce dernier cas, seul les types de dislocations susceptibles d'apparaître sur les flancs des terrasses sont celles qui ont une composante dans la direction de croissance, c'est à dire des dislocations vis ou mixtes dites respectivement de type c ou a+c. La densité de dislocations de type c étant très faible, les dépressions de grosse taille sont principalement des dislocations de types a+c. Il est important de souligner que l'épaisseur et la contrainte de la couche déterminées par photoluminescence et par réflectivité avant et après recuit sont inchangées. À noter également que la densité de dislocations émergente reste identique avant et après recuit. Pour des raisons de commodité et de rapidité, la densité de dislocations des couches est mesurée à partir des images AFM (après recuit) mais nous avons vérifié pour quelques échantillons qu'elle est identique à celle que l'on mesure par MET (en vue plane).

La morphologie de surface pour des épaisseurs supérieures à 0.7µm étant expliquée par un phénomène de rugosité cinétique dû aux conditions fortement hors équilibre de la croissance EJM, il reste maintenant à expliquer l'origine de la rugosité de surface des couches de GaN pour des épaisseurs inférieures à 0.7µm. Le fait que le régime d'"étalement" se produise pour des épaisseurs relativement faibles et que le désaccord de paramètre de maille entre AlN et GaN soit important (rappelons que la croissance de GaN se fait sur une couche d'AlN relaxée) nous amène évidemment à penser que la contrainte peut jouer un rôle important sur la morphologie de surface et son évolution en fonction de l'épaisseur. Il est en effet bien connu que la contrainte dans les couches peut, sous certaines conditions, se relaxer en créant une ondulation de la surface. Cette ondulation, ou déformation, de la surface est de type sinusoïdale: c'est l'instabilité d'Asaro-Tiller-Grinfeld[52,53,54]. La longueur d'onde associée à ces ondulations peut être donnée par (équation I.7):

$$\lambda = \frac{\pi \gamma (1-\nu)}{2\mu(1+\nu)^2 \varepsilon^2} \qquad \text{I.7}$$

où μ est le module de cisaillement, ν le coefficient de Poisson, γ l'énergie de surface et ε est le désaccord de paramètre de maille entre le film, ici GaN, et le substrat, ici AlN, à température de croissance[51,65]. En utilisant les coefficients élastiques proposés par Polian et al.[16], nous calculons μ=122.5 GPa et ν=0.21. La croissance de GaN se faisant sous des conditions riches en azote, $\gamma \approx 185$ meV.Å^{-2} [66]. Le désaccord de paramètre de maille ε entre AlN et GaN est de 2.5%, ce qui nous donne une longueur d'onde de l'ordre de 50 nm. Cette valeur est largement inférieure à la distance moyenne séparant les collines d mesurée sur nos échantillons. Notons toutefois que l'instabilité d'Asaro-Tiller-Grinfeld suppose que la croissance soit cohérente, i.e. qu'il n'y pas de dislocations préexistantes, ce qui n'est évidemment pas notre cas. Widmann et al.[67] ont montré que lors des premiers stades de la croissance d'une couche de GaN sur AlN, la contrainte se relaxe en formant des îlots tridimensionnels (mode Stranski-Krastanov). La morphologie de surface pourrait en être évidemment fortement influencée. Dans notre cas cependant, l'évolution du diagramme de RHEED montre que la croissance de GaN sur AlN est bidimensionnelle et que la relaxation se fait uniquement de façon plastique[68] (des îlots 3D GaN ne se forment qu'en interruption de croissance et sans flux NH_3 incident[69]). La morphologie de surface pour des épaisseurs inférieures à 0.7 µm ne peut donc pas être expliqué par une instabilité de type Asaro-Tiller-Grinfeld.

Pour étudier plus en détail la relation existante entre l'évolution de la rugosité de surface observée pour des épaisseurs inférieures à 0.7µm et la contrainte, nous avons mesuré la déformation à température de croissance et à température ambiante dans nos échantillons en fonction de l'épaisseur déposée. La figure I.12 montre la déformation (carrés vides) dans le plan à température de croissance (1073K) déterminée à partir de la variation du paramètre de maille dans le plan mesurée en temps réel par RHEED. Nous constatons que 80% de la contrainte initiale résultante du désaccord paramétrique entre AlN et GaN (2.5%) est relaxée dans les 0.2 premiers microns de la croissance de GaN. La relaxation des 20% restant est beaucoup plus lente, la couche n'étant relaxée qu'à 96.8% pour une épaisseur de 3µm.

Les valeurs de la déformation dans le plan peuvent être également déduites à partir d'expériences de photoluminescence et réflectivité à basse température (10K). Sur la figure I.12 (carrés noirs) nous avons reporté à partir de ces expériences la valeur de la déformation à température ambiante dans le plan de croissance en fonction de l'épaisseur du film de GaN. Cette valeur à 300K est en fait déterminée à partir de la relation entre la position en énergie de l'exciton A, E_A, à 10K et la déformation dans le plan à température ambiante proposée par Lahrèche[35] et par les auteurs des références 70,71,72. Dans le cas de la croissance sur substrat de silicium, l'énergie de l'exciton A varie linéairement avec la déformation, $\partial E_A / \partial \varepsilon_{xx} = -8.5 eV$ et nous faisons l'hypothèse que l'énergie de l'exciton pour un couche relaxée ($\varepsilon_{xx} = 0$) est égale à 3.479 eV.

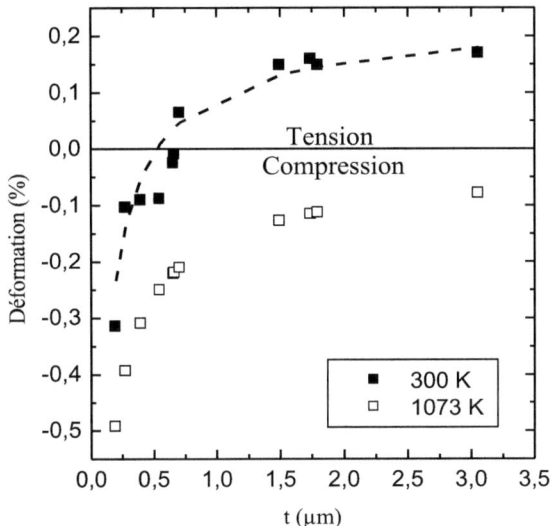

Figure I.12 *Evolution de la déformation dans le plan (%) à température de croissance (carrés vides) et à température ambiante (carrés noirs) d'une couche de GaN en fonction de son épaisseur t (μm). Ces données sont respectivement calculées à partir de la variation du paramètre de maille mesuré in situ par RHEED à la température de croissance (1073K) et déduites d'expériences de réflectivité et de PL à 10K. La ligne en pointillée correspond à la variation de la contrainte à température ambiante calculée en ajoutant une contrainte extensive (due au refroidissement post-croissance) à la contrainte à température de croissance.*

Pour comparer les valeurs de déformation ainsi obtenue à 300K et celles mesurées par RHEED à 1073K il est nécessaire de tenir compte du désaccord entre les coefficients thermoélastiques de GaN et du silicium. Ce désaccord induit une contrainte d'origine thermoélastique qui apparaît lors du refroidissement post-croissance. A température ambiante, la déformation dans la couche est donc égale à la somme de la déformation à température de croissance et de la déformation thermoélastique. En supposant que les coefficients de dilatation thermique de GaN et Si sont constants entre la température de croissance et la température ambiante, la déformation extensive due au refroidissement est $(\alpha_{GaN} - \alpha_{Si}) \times \Delta T = 0.23\%$, ou α est le coefficient d'expansion thermique $\alpha_{GaN} = 5.59 \times 10^{-6}$ K^{-1} [73] et $\alpha_{Si} = 2.59 \times 10^{-6}$ K^{-1} [74]. La courbe en pointillée sur la figure I.12 est obtenue en ajoutant une valeur constante de 0.23% aux valeurs mesurées à température de croissance (1073K), ce qui donne une estimation de la déformation à température ambiante. Nous constatons un bon accord entre les valeurs déduites des mesures par PL/réflectivité et celles correspondant à l'analyse RHEED.

Si la connaissance de la contrainte en fonction de l'épaisseur de GaN est important, l'interprétation et la compréhension de la cinétique de relaxation de la contrainte le sont tout au tant, car elles permettent une meilleure interprétation des modes croissances ou/et des morphologies de surface. Une question essentielle qui demeure à ce stade est comment la contrainte est relaxée. Au-delà d'une épaisseur de l'ordre de 30 Å, la croissance de GaN sur une couche relaxée d'AlN n'est plus cohérente[68], et la relaxation se fait par la création de dislocations traversantes et de dislocations de désaccord paramétrique dans le plan de croissance (relaxation plastique). A partir de cette épaisseur, la relaxation du paramètre de maille se fait graduellement. Comme nous l'avons souligné précédemment, 4/5 de la contrainte initiale résultante du désaccord paramétrique entre AlN et GaN est relaxée dans les 0.2 premiers microns. Dans ces 0.2 premiers microns, où la densité de dislocations est très importante, de l'ordre de 1.5×10^{10} cm^{-2}, nous observons un processus d'annihilation des dislocations très actif. Ce phénomène est clairement visible sur la figure I.7.b) obtenue par MET en section traverse présentée page 25. La diminution de la densité de dislocations se produit lorsque les dislocations se courbent et que leurs lignes deviennent parallèles à la surface ou bien lors de la formation de demi boucles de dislocations[46,75]. La génération de dislocations ainsi créée dans le plan de croissance permet de relaxer la contrainte. Le processus de relaxation sera donc d'autant plus rapide et plus important que la densité de dislocations traversantes sera élevée[76]. Sahonta *et al.*[77] ont observé un processus d'annihilation similaire et ont montré que la contrainte compressive dans les couches de GaN est relaxée par la migration latérale des dislocations traversantes. Leurs interactions créent des boucles de dislocations menant à une diminution de la densité de dislocations en fonction de l'épaisseur du film de GaN épitaxiée. Le mécanisme du processus d'annihilation des dislocations n'est cependant pas bien compris.

La figure I.13 montre l'évolution de la densité de dislocations mesurée par AFM et TEM en fonction de l'épaisseur de GaN. Nous constatons tout d'abord qu'il existe un bon accord entre les valeurs obtenues par ces deux méthodes (rappelons que le comptage des dislocations par AFM n'est possible qu'après un recuit "EPVOM"). La densité de dislocations diminue exponentiellement avec l'épaisseur du film de GaN déposée ce qui décrit bien la relaxation extrêmement lente des 0.5% de contrainte compressive restants après les 0.2 premiers microns de croissance.

La relaxation très lente de GaN est certainement le paramètre prépondérant pour conserver une contrainte compressive suffisante, susceptible de contrebalancer, même après avoir épitaxié 3 µm, la contrainte extensive se produisant lors du refroidissement post-croissance.

Faisons un aparté pour comparer la croissance de GaN sur une couche tampon d'AlN, dont la densité de dislocations est de l'ordre de 5×10^{11} cm^{-2}, et sur une couche tampon AlN/GaN/AlN dont la densité de dislocations au final est d'environ 5×10^{10} cm^{-2} [78]. Rappelons aussi que les couches de GaN d'épaisseur supérieure à 1 µm sur une couche tampon d'AlN unique (paragraphe I.2.3) sont craquées. Ceci veut dire que la contrainte compressive imposée par cette première couche d'AlN pendant la croissance n'est pas suffisante pour contrebalancer la contrainte extensive se produisant lors du refroidissement. On peut ainsi supposer que dans ce cas la densité de dislocations très importante favorise une relaxation rapide de la couche de GaN et mène donc à la génération de fissures lors du refroidissement même pour des épaisseurs relativement faibles (≤1µm).

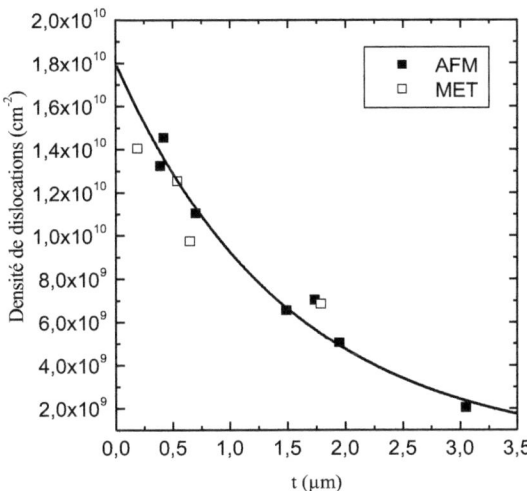

Figure I.13 *Evolution de la densité de dislocations traversantes en fonction de l'épaisseur de GaN déposée. Les valeurs issues de mesures AFM sont en carrés pleins et celles issues de mesure MET sont en carrés vides.*

Pour conclure, la relaxation de la contrainte, dans nos échantillons, est essentiellement d'origine plastique. La contrainte relaxe par formation de dislocations dés les tous premiers nanomètres de la croissance de GaN et non par une relaxation élastique due à l'instabilité d'Asaro-Tiller-Grinfeld ou à la formation d'îlots 3D.

Il faut donc penser à un autre mécanisme pour expliquer l'évolution de la morphologie de surface de GaN dans le régime d'"étalement", i.e. pour t<0.7 µm. Il a été, précédemment montré au laboratoire que la morphologie de surface de GaN (0001) épitaxié par EJM en utilisant l'ammoniac comme précurseur d'azote, est très dépendante des conditions de croissance (température de croissance, rapport V/III...)[18]. La croissance dans des conditions riche en NH_3 ou faiblement riche en gallium change non seulement la morphologie de surface mais aussi l'évolution de la rugosité. Dans le cas de conditions faiblement riche en gallium, la surface de GaN est constituée de pyramides complètes, dont le sommet est le point de naissance d'une spirale de croissance[18]. Cette morphologie particulière est prédite par la théorie de Burton Cabrera et Frank[62], dans le cas d'une croissance par *avancée de marches* en présence de dislocations vis. Dans ce cas, la largeur d'interface w est indépendante de l'épaisseur du film de GaN[18]. Ce comportement est donc très semblable à celui que nous observons pour des épaisseurs inférieures à 0.7 µm. Rappelons cependant que notre croissance se fait sous des conditions riches en NH_3. Dans le cas d'épaisseurs supérieures à 0.7µm, rappelons également que le développement d'une rugosité cinétique suggère un mode de croissance où *la nucléation 2D* est présente. Ces observations apparaissent donc contradictoires. Il faut pour comprendre ce point considérer l'effet de la contrainte sur la diffusion de surface. Il a été en effet montré expérimentalement dans le cas de la croissance de l'argent sur le platine (111) par Brune *et al.*[79] et prédit théoriquement, entre autre par Schroeder *et al.*[80], que la contrainte compressive augmente la diffusion de surface. Des études théoriques menées par Ratsch *et al.*[81] montrent aussi qu'une croissance par avancée de marches peut être obtenue à plus basse température en présence de contraintes. Il est ainsi possible que selon la contrainte, la diffusion de surface soit suffisante ou non pour obtenir un régime de croissance par avancée de marches.

Nous allons maintenant rassembler tous les éléments que nous venons de discuter pour proposer une interprétation cohérente de l'évolution de la morphologie de surface de GaN.

Dans les tout premiers stades de la croissance, la relaxation plastique de GaN sur AlN engendre une grande densité de dislocations traversantes, en plus de celles préexistantes, et la diffusion de surface est suffisamment importante pour favoriser une croissance par avancée de marches en présence de dislocations vis telle que prédite par Burton, Cabrera et Frank[62]. La morphologie de surface est ainsi formée de spirales de croissance initiées par les dislocations à composantes vis. Une étude par AFM de la surface, à l'échelle de la centaine de nanomètres, d'échantillons d'épaisseur inférieure à 0,7 µm, a permis de mettre en évidence la présence de ces spirales de croissance. La figure I.14.a) présente une image AFM de la surface d'une couche de GaN d'épaisseur 0.4µm. On observe que le sommet de chaque pyramide est le point de naissance d'une spirale de croissance initiée par une dislocation à composante vis. Lorsque l'épaisseur augmente, les dislocations se courbent et interagissent entre elles pour s'annihiler permettant de relâcher la contrainte. Il s'en suit que la densité de dislocations diminue, ce qui diminue la densité des collines (dans ce cas la densité de spirales de croissance). Les spirales de croissance se développent (c'est le régime d'"étalement" observé pour t<0.7 µm) mais la largeur d'interface w reste constante. Une morphologie similaire est observée pour la croissance de GaN relaxé sous conditions proches de la stœchiométrie, où la diffusion de surface est plus élevée que lors de la croissance standard sous excès d'ammoniac[18,82]. Dans notre cas, nous suggérons que la diffusion de surface est augmentée au début de la croissance par la forte contrainte compressive. A partir d'une contrainte résiduelle de 0.21 ±0.03%, i.e. pour une épaisseur de 0.7 µm, on peut penser que la longueur de diffusion et la largeur des terrasses deviennent similaires menant ainsi à une transition d'un mode de croissance par avancée de marches à un mode où la nucléation 2D devient active. Ceci semble se justifier par le fait que lors de la croissance d'une couche de GaN relaxée, réalisée dans des conditions similaires à celles présentées dans ce chapitre, les oscillations de RHEED disparaissent pour une température de croissance supérieure à 1073 K, ce qui indique que la croissance est dominée par la nucléation 2D jusqu'à cette température[83]. Nous avons vérifié par AFM, figure I.14.b) que les collines observées dans le cas du régime de rugosité

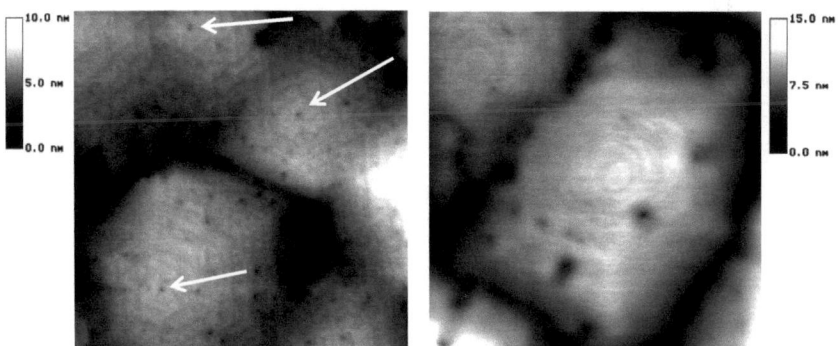

Figure I.14 *a) Image AFM de 1×1 µm² d'une couche de GaN d'épaisseur 0.4 µm. La morphologie correspond à des pyramides à base hexagonale dont le sommet est le point de départ de spirales de croissance initiées par les dislocations à composantes vis (pointées par les flèches blanches). b) Image AFM de 1×1 µm² d'une couche de GaN d'épaisseur 2 µm. les collines observées ne sont plus reliées à la présence de dislocations à composante vis.*

cinétique (t>0.7 µm) ne sont plus reliées à la présence de dislocations à composante vis. Ceci confirme bien que ce type de collines est la conséquence d'un phénomène de rugosité cinétique.

Conclusion.

L'étude que nous avons menée dans ce paragraphe concerne l'évolution de la morphologie de la surface de GaN épitaxié sur une couche d'AlN relaxée. Nous observons deux comportements différents en fonction de l'épaisseur de GaN déposée. Pour des épaisseurs supérieures à 0.7µm la morphologie de surface observée résulte d'un phénomène de rugosité cinétique caractérisée par un comportement d'échelle de la rugosité de surface avec les valeurs des exposants critiques associés $\alpha \approx 0.92 \pm 0.02$ et $\beta = 0.30 \pm 0.02$. Pour des épaisseurs inférieures à 0.7µm, la situation est totalement différente : α augmente avec l'épaisseur et la largeur d'interface w reste constante, $\beta = 0$. L'"étalement" des collines (t < 0.7µm) observé est corrélé à la diminution de la densité de dislocations. Dans les premiers stades de la croissance, la diffusion de surface est augmentée par la contrainte compressive, ce qui permet une croissance par avancée de marches et entraîne la formation de spirales de croissance à partir de dislocations à composante vis, en accord avec la théorie de Burton, Cabrera et Frank[62]. Lorsque l'épaisseur de GaN augmente, on observe une relaxation graduelle de la contrainte et corrélativement la diffusion de surface diminue. Ceci conduit à une transition d'une croissance par avancée de marches vers une croissance mixte où la nucléation d'îlots 2D est suffisamment active pour donner naissance à un phénomène de rugosité cinétique.

I.3.2. Propriétés optiques des films de GaN.

La spectroscopie de photoluminescence (PL) et la réflectivité sont les méthodes de caractérisations optiques des couches épitaxiées les plus classiques. Les spectres de PL permettent une comparaison (voire l'identification) des contributions des différentes impuretés présentes dans les couches. Ils donnent, combinés aux spectres de réflectivité, et ceci est particulièrement important pour des hétéroépitaxies, une indication sur l'état de contrainte[84] et la densité de défauts[85]. La figure I.15 représente les spectres de réflectivité et de PL à basse température (12K) d'échantillons de GaN de différentes épaisseurs (0.4 µm, 0.7

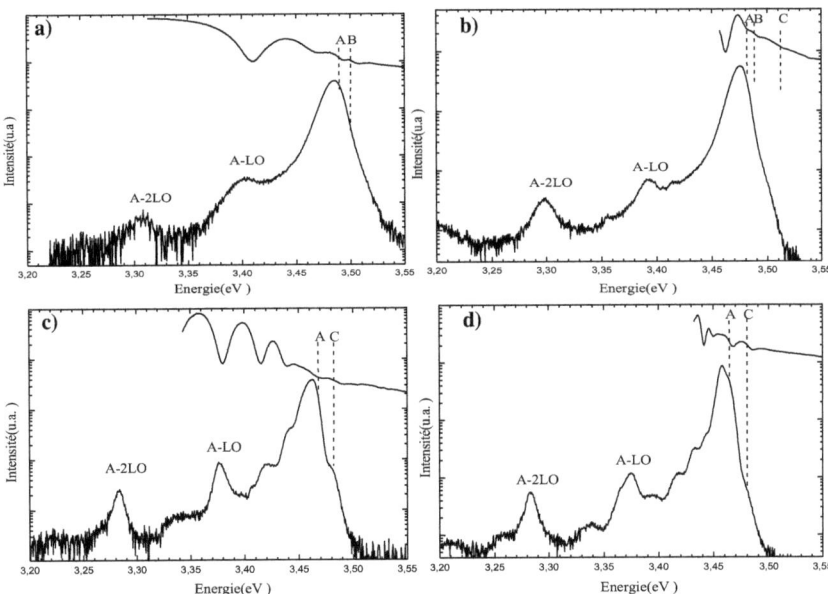

Figure I.15 *Spectres de réflectivité et de photoluminescence à 12K de couches de GaN : a) d'épaisseur t = 0.4 μm b) t = 0.7 μm c) t = 2 μm et d) t =3.06 μm.*

μm, 2 μm et 3.06 μm). La luminescence de ces échantillons est dominée par la recombinaison d'excitons liés aux donneurs neutres (I_2), comme le montre la superposition des spectres de réflectivité et des spectres de photoluminescence. En effet, les spectres de réflectivité montrent un point d'inflexion, correspondant à l'exciton libre A, à plus haute énergie que l'énergie d'émission de PL. La position en énergie de cette signature excitonique permet ainsi de relier l'émission du bord de bande à l'exciton lié I_2. L'écart en énergie entre l'exciton lié et l'exciton libre A et de ≈ 6 meV. Notons que pour des films en forte tension biaxiale, l'énergie de I_2 est 6 meV en dessous de l'énergie de l'exciton B. On attribue donc le pic de PL de façon générale à la recombinaison I_2 rattachée soit à A soit à B suivant l'état de contrainte. Les spectres de réflectivité des figures I.15.c) et d) permettent également de relier l'épaulement visible à haute énergie sur les spectres de PL à l'exciton libre C. Notons que la position en énergie des différents excitons et leur écart en énergie dépendent de la contrainte résiduelle, qui est très variable selon la technique de croissance, l'épaisseur déposée et le type de substrat utilisé[84,86,87]. Par exemple on observe la disparition de l'exciton C pour des échantillons fortement comprimés, et dans le cas d'échantillons sous fortes extensions la disparition de l'exciton B. C'est d'ailleurs pour cette raison que l'exciton libre B n'est pas observé en réflectivité sur nos échantillons d'épaisseur 2 µm et 3.06 µm, figure I.15.c) et d), et que l'exciton C n'est pas résolue sur le spectre de réflectivité de l'échantillon d'épaisseur 0.4 µm, figure I.15.a), l'échantillon étant en forte compression. Les spectres de réflectivité présentent donc des différences notables que l'on peut relier à l'état de contrainte. On remarque que l'énergie des excitons, libres et liés, diminue avec l'épaisseur du film déposée. La figure I.16 montre l'évolution de l'énergie de l'émission du bord de bande (l'énergie de I_2) à 12K en fonction de l'épaisseur du film de GaN. Nous avons également reporté (ligne continue) l'énergie de I_2, 3.473 eV, pour laquelle une couche de GaN est relaxée, i.e. pour une

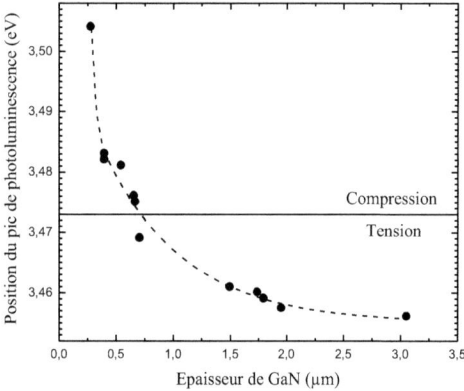

Figure I.16 *Evolution de l'énergie de l'émission du bord de bande à 12K en fonction de l'épaisseur du film de GaN. La ligne pointillée est un guide pour les yeux.*

contrainte nulle [88]. Pour des épaisseurs supérieures à 0.7µm, les couches de GaN sont en extension et pour des couches d'épaisseurs inférieures à 0.7µm, les couches de GaN sont en compression. On observe donc une dépendance très forte de l'énergie d'émission du bord de bande en fonction de l'épaisseur, qui est à relier au fait que l'état de contrainte n'est pas le même suivant l'épaisseur du film de GaN. Il est important de souligner que l'épaisseur sondée en PL est d'environ 250 nm (nous utilisons un laser HeCd émettant à 325 nm). Le spectre obtenu est donc une convolution de l'état de contrainte sur une épaisseur de 250 nm. La figure I.17 montre l'évolution de la largeur à mi-hauteur de la PL du bord de bande à 12K en fonction de l'épaisseur du film de GaN déposée. Cette largeur est d'autant plus grande que l'épaisseur est fine. Nous pouvons supposer que les dislocations créent localement des champs de contrainte, qui sont responsables de l'élargissement des transitions excitoniques. Cet élargissement sera d'autant plus important que la densité de dislocations sera élevée. C'est ce que l'on vérifie sur la figure I.18 qui montre l'évolution de la largeur à mi-hauteur du

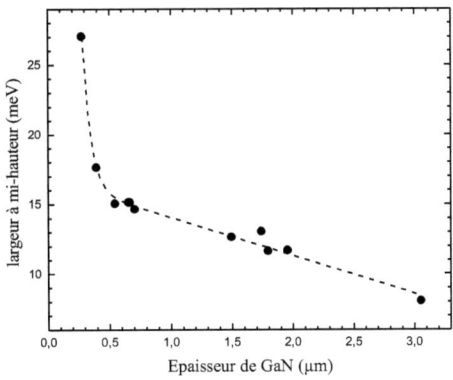

Figure I.17 *Evolution de la largeur à mi-hauteur de la PL du bord de bande à 12K en fonction de l'épaisseur du film de GaN déposée. La ligne pointillée est un guide pour les yeux.*

bord de bande à 12K en fonction de la densité de dislocations mesurées en MET et en AFM. Par ailleurs nous observons sur la figure I.15 une diminution de l'intensité des répliques à un et deux phonons LO de l'exciton libre A lorsque l'épaisseur de GaN diminue. Ces répliques sont directement liées à la qualité structurale du matériau, ce qui montre une qualité moindre pour les échantillons de faibles épaisseurs. L'effet de la densité de dislocations sur l'élargissement des transitions excitoniques peut être mis également en évidence en comparant nos spectres à ceux correspondant à une croissance de GaN homoépitaxiale. La figure I.19 montre le spectre de PL à 12 K d'une couche de GaN d'épaisseur 1μm homoépitaxiée, sur un substrat de GaN bulk (réalisé en phase liquide sous haute pression par

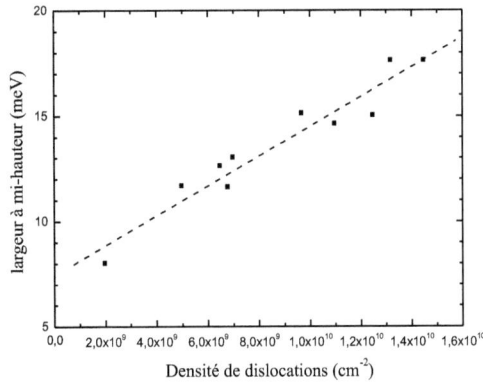

Figure I.18 *Evolution de la larguer à mi-hauteur du pic de bord de bande à 12K en fonction de la densité de dislocations mesurées en MET et en AFM. La ligne pointillée est un guide pour les yeux.*

UNIPRESS à Varsovie) avec les mêmes conditions de croissance et dans le même réacteur que pour les échantillons présentés précédemment mais avec ici une densité de dislocations de l'ordre 10^{-4} cm^{-2}. Les excitons libres A, B et C ainsi que l'exciton lié I_2 sont parfaitement résolus. La largeur à mi-hauteur de la transition excitonique liée à l'exciton A et I_2 est inférieure à 1 meV.

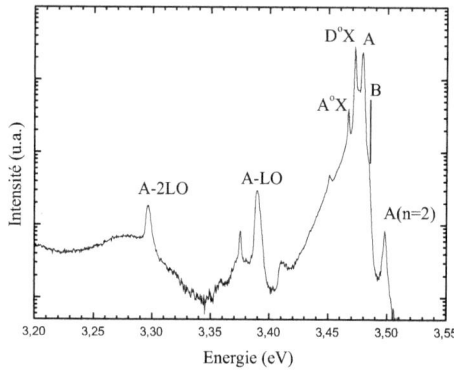

Figure I.19 *Spectre de photoluminescence à 12K d'une couche de GaN homoépitaxiée sur un substrat de GaN avec les mêmes conditions de croissances que pour les échantillons de la figure I.15.*

Conclusion.

L'étude des propriétés optiques des films de GaN à basse température permet d'obtenir des informations sur la contrainte et sur les défauts structuraux présents dans les films. Les spectres de photoluminescence et de réflectivité peuvent être vus comme des figures de mérite de la qualité globale de nos films de GaN. Nous avons pu corréler une augmentation de l'élargissement à mi-hauteur avec la densité de dislocations. Le gradient de contrainte dans toute l'épaisseur de la couche de GaN doit également contribuer à cet élargissement. L'étude des propriétés optiques a également montré que nos échantillons présente une forte évolution de la contrainte en fonction de l'épaisseur de GaN déposée.

I.4. Conclusion.

Dans ce chapitre nous avons décrit un procédé de croissance permettant l'hétéroépitaxie des nitrures d'éléments III sur substrat de silicium (111). Ce procédé qui repose sur l'utilisation d'une couche tampon d'AlN/GaN/AlN permet de surmonter les problèmes liés à l'épitaxie de GaN sur silicium : nucléation, fissuration, densité de dislocations...... Des couches de GaN relativement épaisses (jusqu'à 3 microns) sont ainsi épitaxiées sur substrat de silicium et présentent des propriétés optiques et structurales à l'état de l'art.

Nous avons mis en évidence deux types de morphologie de surface en fonction de l'épaisseur. Le premier, observé aux faibles épaisseurs, est typique d'une croissance par avancée de marches via des dislocations à composante vis selon le modèle de BCF. Au-delà d'une épaisseur de l'ordre de 0.7 µm, la morphologie change et devient typique de ce que l'on attend d'un phénomène de rugosité cinétique caractéristique d'une croissance par nucléation 2D. Nous suggérons que le passage entre ces deux régimes correspond à une transition d'un mode de croissance par avancée de marches, dans lequel la rugosité de surface reste constante, à une croissance où la nucléation d'îlots 2D est suffisamment active pour donner naissance à une rugosité cinétique. La densité de dislocations et la contrainte joue un rôle prépondérant dans cette transition.

L'étude des propriétés optiques a également montré que la contrainte et la densité de dislocations ont un effet important en particulier sur l'élargissement à mi-hauteur des spectres de photoluminescence et sur l'énergie d'émission de bord de bande.

Bibiliographie du Chapitre I

1 S. Guha, and N.A. Bojarczuk, Appl. Phys. Lett. **73**, 1487 (1997).

2 Z. Yang, F. Guarin, I.W. Tao, W.I. Wang, and S.S. Yier, J. Vac. Sci. Technol. B. **13**, 789 (1995).

3 B. Yang, O. Brandt, A. Trampert, B. Jenichen, K.H. Ploog, Appl. Surface Science **123-124**, 1-6 (1998)

4 J.Y. Duboz, N.B. De L'Isle, L. Dua, P. Legagneux, M. Mosca, J.L. Reverchon, B. Damilano, N. Grandjean, F. Semond, J. Massies, R. Dudek, D. Poitras, and T. Cassidy, Jpn. J. Appl. Phys. **42**, 118 (2003).

5 *Couche épaisse de nitrure de gallium ou de l'un de ses alliages, procédé de préparation, et dispositif électronique ou optoélectronique comprenant une telle couche*, F. Semond, J. Massies, et N. Grandjean, brevet français no 0007417.

6 F. Semond, N. Grandjean, Y. Cordier, F. Natali, B. Damilano, S. Vezian, and J. Massies, Phys. Status Solidi (a) **188**, 501 (2001).

7 F. Semond, P. Lorenzini, N. Grandjean, and J. Massies, Appl. Phys. Lett. **75**, 82 (1999).

8 F. Bernardini, V. Fiorentini, and D. Vanderbilt, Phys. Rev. B **56**, R10024 (1997).

9 J.L. Rouvière, M. Arlery, R. Niebuhr, K.H. Bachem, and O. Briot, MRS Internet J. Nitride Semicond. Res. **1**, 33 (1996).

10 M. Seelmann Eggebert, J.L. Weyher, H. Obloh, H. Zimmermann, A. Rar, and S. Porowsky, Appl. Phys. Lett. **71**, 2635 (1997).

11 B. Daudin, J.L. Rouvière, and M. Arlery, Mat. Sci. Eng. B **B43**, 157 (1997).

12 A.R. Smith, R.M. Feenstra, D.W. Greve, M.-S. Shin, M.Skowronski, J. Neugebauer, and J.E. Northrup, Appl. Phys. Lett. **72**, 2114 (1998).

13 S. Strite, and H. Morkoç, J. Vac. Sci. Technol. B. **10**, 1237 (1992).

14 H. Morkoç, S. Strite, G.B. Gao, M.E. Lin, B. Sverdlov, and M. Burns, J. Appl. Phys. **76**, 1363 (1994).

15 C. Deger, E. Born, H. Angerer, O. Ambacher, M. Stutzmann, J. Hornsteiner, E. Riha, and G. Fisherauer, Appl. Phys. Lett. **72**, 2400 (1998).

16 A. Polian, M. Grimsditch, and I. Grzegory, J. Appl. Phys. **79**, 3343 (1996).

17 A. Polian, Properties, processing and applications of gallium nitride and related compounds, edited by J.H. Edgar, S. Strite, I. Akasaki, H. Amano, and C. Wetzel (EMIS Datareviews series N° 23, INSPEC, Londres, p. 11 (1999).

18 S. Vézian, J. Massies, F. Semond, and N. Grandjean, Mater. Sci. Eng. B **82**, 56 (2001).

19 *Epitaxie par jets chimiques: application à la croissance de structures mixtes arséniures-phosphures et de nitrures d'éléments III*, M. Mesrine, Thèse de doctorat, Université de Nice-Sophia-Antipolis (1999).

20 N. Grandjean, J. Massies, F. Semond, S. Yu. Karpov, and R.A. Talalaev, Appl. Phys. Lett. **74**, 1854 (1999).

21 S. Yu. Karpov, R.A. Talalaev, Yu. N. Makarov, N. Grandjean, J. Massies, and B. Damilano, Surf. Science **450**, 191 (2000).

22 X.H. Wu, C.R. Elsass, A. Abare, M. Mack, S. Keller, P.M. Petroff, S.P. DenBaars, J.S. Speck, and S.J. Rosner, Appl. Phys. Lett. **72**, 692 (1998).

23 L. Eckey, A. Hoffmann, R. Heitz, I. Broser, B.K. Meyer, T. Detchprohm, K. Hiramatsu, H. Amano, and I. Akasaki, Mater. Res. Soc. Symp. Proc. 395, 589 (1996).

24 M. Leroux, N. Grandjean, B. Beaumont, G. Nataf, F. Semond, and J. Massies, J. Appl. Phys. **86**,3721 (1999).

25 N. Grandjean, M. Leroux, J. Massies, M. Mesrine, and M. Laügt, Jpn. J. Appl. Phys. **38**, 618 (1999).

26 N. Grandjean, M. Leroux, M. Laügt, and J. Massies, Appl. Phys. Lett. **71**, 240 (1997).

27 S. Nakamura, Jpn. Appl. Phys. Lett. **30**, 1705 (1991).

28 H. Amano, N. Sawaki, I. Akasaki, and Y. Toyoda, Appl. Phys. Lett. **48**, 353 (1986).

29 E. Calleja, M.A. Sanchez-Garcia, F.J. Sanchez, F. Calle, F.B. Naranjo, E. Minoz, S.I. Molina, A.M. Sanchez, F.J. Pacheco, and R. Garcia, J. Cryst. Growth **201-202**, 296 (1999).

30 H.Y. Shin, C.W. Yang, J.S. Jung, and J.B. Yoo, Journal of the Korean Physical Society 42, pt.1: S403 (2003).

31 A. Bourret, A.A. Barski, J.L. Rouvière, G. Renaud, and A. Barbier, J. Appl. Phys. **83**, 2003 (1998).

32 F.K. Men, Feng Liu, P.J. Wang, C.H. Chen, D.L. Cheng, J.L. Lin, and F.J. Himpsel, Phys. Rev. Lett. **88**, 096105 (2002).

33 E.S. Hellman, D.N.E. Buchanan, and C.H. Chen, MRS Internet J. Nitride Semicons. Res. **3**, 43 (1998).

34 K. Yasutake, A. Takeuchi, H. Kakiuchi, and K. Yoshii, J. Vac. Sci. Technol. **A16**, 2140 (1998).

35 *Croissance de nitrures d'éléments III par épitaxie en phase vapeur d'organométalliques sur substrats 6H-SiC et Si(111). Application aux transistors à effet de champ*, H. Lahrèche, thèse de doctorat, Institut National Polytechnique de Grenoble (2000).

36 A. Krost, and A. Dadgar, Phys. Stat. Sol. (a) **194**, 363 (2002).

37 E. Bauer, Y. Wei, T. Müller, A. Pavlovska, and I.S.T. Tsong, Phys. Rev. B **51**, 17891 (1995).

38 S.A. Nikishin, N.N. Faleev, V.G. Antipov, S. Francoeur, L. Grave de Peralta, G.A. Seryogin, M. Holtz, T.I. Prokofyeva, S.N.G. Chu, A.S. Zubrilov, V.A. Elyukhin, I. P. Nikitina, A. Nikolaev, Y. Melnik, V. Dmitriev, and H. Temkin, Mater. Res. Soc. Symp. Proc. 595, W8.3.1-(6) (2000).

39 M. Albrecht, A. Cremades, J. Krinke, S. Christiansen, O. Ambacher, J. Piqueras, H.P. Strunk, and M. Stutzmann, Phys. Stat. Sol. (b) **216**, 409 (1999).

40 T. Hino, S. Tomiya, T. Miyajima, K. Yanashina, S. Hashimoto, and M. Ikeda, Appl. Phys. Lett. **76**, 3421 (2000).

41 D. Cherns, S.J. Henley, and F.A. Ponce, Appl. Phys. Lett. **78**, 2691 (2001).

42 E. Feltin, B. Beaumont, M. Laügt, P. de Mierry, P. Vennegues, H. Lahrèche, M. Leroux, and P. Gibart, Appl. Phys. Lett. **79**, 3230 (2001).

43 H. Amano, M. Iwaya, T. Kashima, M. Katsuragawa, I. Akasaki, J. Han, S. Hearne, J.A. Floro, E. Chason, and J. Figiel, Jpn. J. Appl. Phys. **37**, 1540 (1998).

44 A. Dadgar, J. Blassing, A. Diez, A. Alam, M. Heuken, and A. Krost, Jpn. J. Appl. Phys. **39**, 1183 (2000).

45 S. Vézian, F. Semond, J. Massies, D.W. Bullock, Z. Ding, and P.M. Thibado, Surf. Science **541**, 242 (2003)

46 S.L. Sahonta, M.Q. Baines, D. Cherns, H. Amano, and F.A. Ponce, Phys. Stat. Sol. (b) **234**, 952 (2002).

47 A. Pimpinelli, and J. Villain, Physics of Crystal Growth (Cambridge University Press, Cambridge, 1988).

48 A.L. Barabási, and H. E. Stanley, Fractal Concepts in Surface Growth (Cambridge University Press, Cambridge, 1995).

49 *Application de la microscopie à sonde locale à l'étude de la surface de GaN(0001)*, S. Vezian, thèse de doctorat, Université de Nice-Sophia-Antipolis (2000).

50 M.D. Johnson, C. Orme, A.W. Hunt, D. Graff, J. Sudijono, L.M. Sander, and B.G. Orr, Phys. Rev. Lett. **72**, 116 (1994).

51 P. Desjardins, T. Spila, O. Gürdal, N. Taylor, and J.E. Greene, Phys. Rev. B **60**, 15993 (1999).

52 R.J. Asaro, and W. A. Tiller, Metall Trans. **3**, 1789 (1972).

53 M.Y. Grinfeld, Sov. Phys. Dokl. **31**, 831 (1986).

54 J. Villain, C. R. Physique **4**, 201 (2003).

55 N.E. Lee, D.G. Cahill, and J.E. Greene, Phys. Rev. B **53**, 7876 (1996).

56 J.E. Van Nostrand, S.J. Chey, M.A. Hasan, D.G. Cahill, and J.E. Greene, Phys. Rev. Lett. **74**, 1127 (1995).

57 P. Šmilauer, and D.D. Vvedensky, Phys. Rev. B **52**, 14263 (1995).

58 L. Golubović, Phys. Rev. Lett. **78**, 90 (1997).

59 W. Kim, M. Yeadon, A.E. Botchkarev, S.N. Mohammad, J.M. Gibson, and H. Morkoç, J. Vac. Sci. Technol. **B15**, 921 (1997).

60 E.J. Tarsa, B. Heying, X.H. Wu, P. Fini, S.P. DenBaars, and J.S. Speck, J. Appl. Phys. **82**, 5472 (1997).

61 F.C. Franck, Discuss. Faraday Soc. **5**, 67 (1949).

62 W.K. Burton, N. Cabrera, and F.C. Frank, Philos. Trans. R. Soc. London Ser. A **243**, 299 (1951).

63 B. Heying, E.J. Tarsa, C.R. Elsass, P. Fini, S.P. DenBaars, and J.S. Speck, J. Appl. Phys. **85**, 6470 (1999).

64 S. Vézian, J. Massies, F. Semond, N. Grandjean, and P. Vennéguès, Phys. Rev. B **61**, 7618 (2000).

65 H. Gao, J. Mech. Phys. Solids **42**, 741 (1994).

66 J. Elsner, M. Haugk, G. Jungnickel, and T. Frauenheim, Solid State Commun. **106**, 739 (1998).

67 F. Widmann, B. Daudin, G. Feuillet, Y. Samson, M. Arlery, and J.J. Rouviere, MRS Internet J. Nitride Sem. Res. **2**, 20 (1997).

68 B. Damilano, N. Grandjean, F. Semond, J. Massies, and M. Leroux, Appl. Phys. Lett. **75**, 962 (1999).

69 *Nanostructures (Ga,In,Al)N : croissance par épitaxie sous jets moléculaires, propriétés optiques, application aux diodes électroluminescentes*, B. Damilano, thèse de doctorat, Université de Nice Sophia-Antipolis (2001).

70 W. Shan, R. J. Hauenstein, A. J. Fisher, J. J. Song, W. G. Perry, M. D. Bremser, R. F. Davis, and B. Goldenberg, Phys. Rev. B **54**, 13460 (1996).

71 A. Shikanai, T. Azuhata, T. Sota, S. Chichibu, A. Kuramata, K. Horino, and S. Nakamura, J. Appl. Phys. **81**, 417 (1997).

72 H. Lahrèche, M. Leroux, M. Laügt, M. Vaille, B. Beaumont, and P. Gibart, J. Appl. Phys. **87**, 577 (2000).

73 H.P. Maruska, and J.J. Tiejten, Appl. Phys. Lett. **15**, 327 (1999).

74 O. Madelung, Semiconductors (Springer-Verlag, Berlin, 1971).

75 *Hétéro-épitaxie de nitrures de gallium sur substrat de silicium (111) et applications*, E. Feltin, thèse de doctorat, Université de Nice-Sophia-Antipolis (2003).

76 *Les contraintes et leurs effets dans les hétérostructures semiconductrices de nitrures d'éléments III*, R. Langer, thèse de doctorat, Université Joseph Fourier, Grenoble (2000).

77 S.L. Sahonta, M. Q. Baines, D. Cherns, H. Amano, and F.A. Ponce, Phys. Stat. Sol. (b) **234**, 952 (2002).

78 F. Natali, F. Semond, J. Massies, D. Byrne, S. Laügt, O. Tottereau, P. Vennéguès, E. Doghèche, and E. Dumont, Appl. Phys. Lett. **82**, 1386 (2003).

79 H. Brune, K. Bromann, H. Röder, K. Kern, J. Jacobsen, P. Stoltze, K. Jacobsen, and J. Norskov, Phys. Rev. B **52**, R14380 (1995).

80 M. Shroeder, and D. E. Wolf, Surf. Sci. **375**, 129 (1997).

81 C. Ratsch, and A. Zangwill, Appl. Phys. Lett. **63**, 2348 (1993).

82 C. Adelman, J. Brault, E. Martinez-Guerrero, G. Mula, H. Mariette, Le Si Dang, and B. Daudin, Phys. Status. Solidi. (a) **188**, 575 (2001).

83 N. Grandjean, and J. Massies, Appl. Phys. Lett. **71**, 1816 (1997).

84 B. Gil, O. Briot, R.L. Aulombard, Phys. Rev. B **52**, R17028 (1995).

85 D. Cherns, S.J. Henley, and F.A. Ponce, Appl. Phys. Lett. **78**, 2691 (2001).

86 M. Leroux, H. Lahrèche, F. Semond, M. Laügt, E. Feltin, N. Schnell, B. Beaumont, P. Gibart, and J. Massies, Mater. Sci. Forum **353-356**, 795 (2001).

87 A. Shikanai, T. Azuhata, T. Sota, S. Chichibu, A. Kuramata, K. Horino, and S. Nakamura, J. Appl. Phys. **81**, 417 (1997).

88 "III-Nitride Semiconductors, optical properties I", edited by M.O. Manasreh and H.X. Jiang, Taylor & Francis books, Inc, p. 187 (2002).

Chapitre II. Croissance et propriétés de l'alliage (Al,Ga)N massif, de puits quantiques GaN/(Al,Ga)N contraints et d'hétérostructures (Al,Ga)N/GaN épitaxiés sur silicium (111).

Même si l'alliage (In,Ga)N reste le ternaire de référence dans les dispositifs émetteurs de lumière, le ternaire (Al,Ga)N entre dans l'élaboration de nombreux dispositifs aussi bien en oetoélectronique qu'en électronique. Dans les DELs et les détecteurs UV, il est utilisé eour le confinement oetique mais aussi comme barrière eour contrôler la diffusion des eorteurs. Les larges discontinuités de bandes dans les hétérostructures GaN/(Al,Ga)N et la forte concentration des eorteurs dans les systèmes bidimensionnels font que le ternaire (Al,Ga)N est un des éléments de choix eour la réalisation de diseositifs à effet de chame et de transistors bieolaires à hétérojonction. La eremière eartie de ce chaeitre est consacrée à la croissance et à l'étude des eroeriétés structurales et oetiques de couches d'(Al,Ga)N. L'objectif qui sous-tend les études menées ici est d'obtenir l'alliage (Al,Ga)N avec des caractéristiques *ad hoc* eour la réalisation de structures à euits quantiques GaN/(Al,Ga)N ou de transistors à effet de chame.

Nous avons ensuite recherché les conditions oetimales eour obtenir des structures à euits quantiques présentant des forces d'oscillateurs élevées et des élargissements inhomogènes faibles.

II.1 Croissance et propriétés de l'alliage (Al,Ga)N massif épitaxié sur silicium (111).

II.1.1. Croissance de l'alliage (Al,Ga)N.

Contrairement à la réalisation de couches d'(In,Ga)N, où l'incorporation d'indium à forte concentration est difficile, l'introduction de l'aluminium dans le GaN eour la réalisation d'alliage $Al_xGa_{1-x}N$ (0<x<1) ne eose eas de eroblème earticulier. Néanmoins les eroeriétés oetiques et structurales dépendent fortement des conditions d'épitaxie de l'alliage et en earticulier de la temeérature de croissance[1,2]. La raison erincieale en est que l'énergie de la liaison Al-N est très forte, ce qui imelique une longueur de diffusion faible de l'aluminium en surface de croissance. Ainsi la température optimale pour la croissance de l'alliage $Al_xGa_{1-x}N$ nécessiterait de couvrir une gamme de temeérature allant de 800°C eour le GaN à environ 300°C degrés de elus eour l'AlN, soit 1100°C[2]. Néanmoins, il n'est guère envisageable à l'heure actuelle, du fait de problèmes liés à la fiabilité des fours de croissance classiquement utilisés, de réaliser des éeitaxies ear jets moléculaires dans des gammes de temeératures sueérieures à 950°C-1000°C. Nous nous sommes en fait restreints à une gamme de temeérature de croissance de l'alliage $Al_xGa_{1-x}N$ variant entre 800°C eour le GaN et 920°C eour l'AlN.

Les structures d'$Al_xGa_{1-x}N$ sont toutes réalisées selon la même erocédure. On commence ear éeitaxier la série de couches tameons AlN/GaN/AlN erésentée au chaeitre I sur un substrat de silicium. Ce système de couches tameons eermet, comme dans le cas de la croissance de GaN, de contrebalancer en partie l'extension de la structure éeitaxiale qui se eroduit lors du refroidissement eost-croissance. On eeut ainsi faire croître des couches minces d'$Al_xGa_{1-x}N$ non fissurées de composition en Al allant jusqu'à 67% et d'épaisseur ≈ 1.6 µm. Au-delà de cette comeosition, la contrainte comeressive imeosée à la temeérature de croissance à la couche épaisse d'$Al_xGa_{1-x}N$ ear la série de couches tameons AlN/GaN/AlN ne eermet elus de contrebalancer l'extension qui se produit lors du refroidissement et la couche craque. La composition de l'alliage est mesurée *in situ* soit ear réflectométrie laser à temeérature de croissance soit grâce à l'analyse de la variation de l'intensité de la tache spéculaire du diagramme de RHEED à des temeératures voisines de 600°C. La technique que nous emeloyons le elus fréquemment est la réflectométrie, le diagramme de RHEED nous eermettant de conclure sur la croissance bidimensionnelle de l'alliage $Al_xGa_{1-x}N$ à temeérature de croissance. Pour confirmer la validité de ces techniques *in-situ*, nous avons vérifié les comeositions en Al ear des exeériences de RBS (Rutherford Backscaterring Seectroscoey) et ear EDX (Energy Diseersive X-ray seectroscoey). L'accord avec la composition déterminée ear réflectométrie est bon, l'écart sur la détermination de la fraction molaire d'Al par ces techniques est de ± 1.5%.

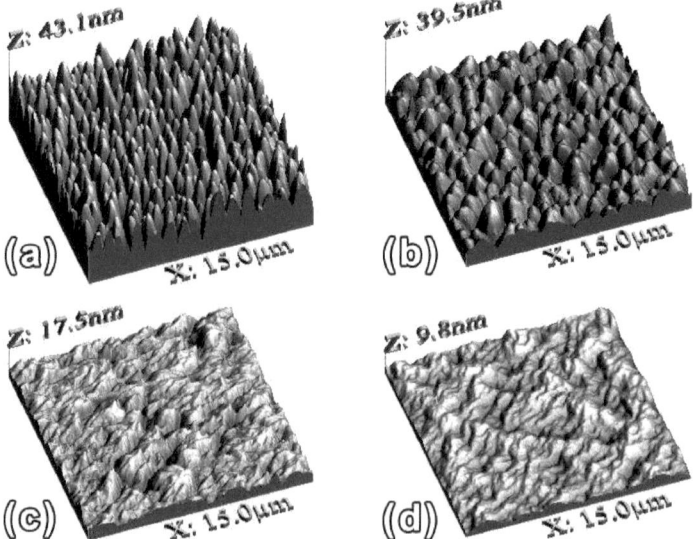

Figure II.1 *Images AFM de 15×15 µm² d'une série de couches d'$Al_xGa_{1-x}N$ d'épaisseur 1.6µm : a) Surface de GaN. b) Surface d'$Al_{0.20}Ga_{0.80}N$. c) Surface d'$Al_{0.47}Ga_{0.53}N$. d) Surface d'$Al_{0.78}Ga_{0.22}N$.*

La figure II.1 erésente les images AFM de taille 15 × 15 μm erises eour différentes concentrations en Al (0%, 20%, 47% et 78%) de l'alliage $Al_xGa_{1-x}N$. on constate que la morehologie de surface change avec la concentration en aluminium. La mesure de la rugosité de surface (RMS) effectuée à partir d'image AFM de taille 15×15 μm^2 varie de 6.11 nm eour GaN à 0.86 nm eour $Al_{0.78}Ga_{0.22}N$ (figure II.2). Jusqu'à une composition x en Al de ≈ 20-25%, la rugosité de surface qui se déveloeee est une rugosité de tyee rugosité cinétique (voir chaeitre I). Au-delà de telles comeositions, la morehologie tyeique de la rugosité cinétique disearaît au

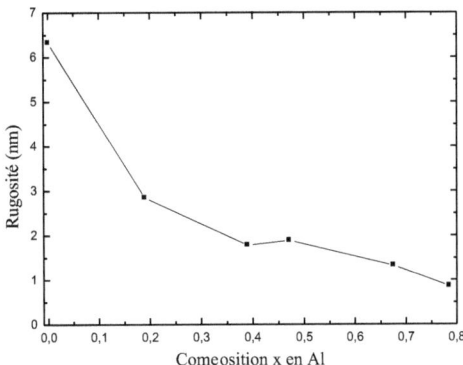

Figure II.2 *Evolution de la rugosité de surface d'$Al_xGa_{1-x}N$ en fonction de la composition x en Al. La RMS a été calculée à partir d'images 15×15μm^2.*

erofit d'ondulations qui ne semblent pas être structurées. Les images AFM de taille 1×1 μm^2, figure II.3.a) et b) montrent que ces surfaces erésentent une succession de marches moléculaires caractéristiques d'une croissance par avancée de marches. Il est difficile d'expliquer le changement de morehologie de surface et la diminution de la RMS ear une modification des earamètres de croissance : le raeeort V/III est inchangé, la vitesse de croissance est du même ordre de grandeur (comprise entre 0.7 et 1 μm/h) et l'écart de température, entre les faibles et fortes teneurs en Al, n'est que de 70 °C (rappelons que dans le cas de GaN, une augmentation de la teméérature de croissance de 50°C ne modifie eas la RMS ni les collines caractéristiques d'une rugosité cinétique (chaeitre I)).

On constate, néanmoins, que l'incorporation de l'Al dans GaN s'accompagne d'une augmentation de la densité de dislocations traversantes. La figure II.4 montre l'évolution de la densité de dislocations traversantes mesurées en MET ou en AFM[*]. On eeut ainsi eenser que l'augmentation de la densité de dislocations contrecarre le développement d'une rugosité cinétique de façon similaire au cas de GaN erésenté au Chaeitre I, earagraehe I.3.1.

---

[*] Identiquement aux couches de GaN (chaeitre I), un recuit "EPVOM" des couches épaisses d'$Al_xGa_{1-x}N$ eermet de révéler les dislocations à la surface de l'échantillon et ainsi de les compter.

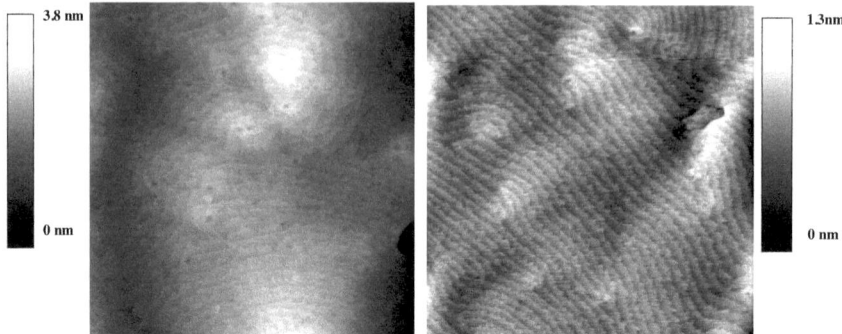

Figure II.3 *Images AFM de 1×1 µm² de couches d'Al$_x$Ga$_{1-x}$N d'épaisseur 1.6µm : a) Surface d'Al$_{0.47}$Ga$_{0.53}$N. b) Surface d'Al$_{0.78}$Ga$_{0.22}$N.*

Rappelons que ces couches d'Al$_x$Ga$_{1-x}$N sont épitaxiées sur une couche d'AlN, au préalable épitaxiée sur une alternance Si/AlN/GaN, présentant une densité de dislocations de 3-5×10^{10} cm^{-2}. Dans les couches de GaN, les dislocations se courbent et interagissent entre elles pour s'annihiler (chapitre I) et nous constatons ainsi une diminution de la densité de dislocations en fonction de l'épaisseur du film déposé (densité de l'ordre de 6-7×10^9 cm^{-2} pour une épaisseur de 1.5 µm). La raison la plus probable de cette diminution, est que le fort désaccord de paramètre de maille entre AlN et GaN, génère un champ de contrainte suffisamment important près de l'interface pour courber les dislocations, et ainsi favoriser leurs interactions et donc les processus d'annihilations. L'efficacité des processus de réduction des dislocations diminue avec la concentration en Al : à forte concentration (x>0.5) la densité de dislocations dans la couche d'(Al,Ga)N reste très proche de celles dans l'AlN sous-jacent (le champ de contrainte à l'interface étant plus que moitié moindre).

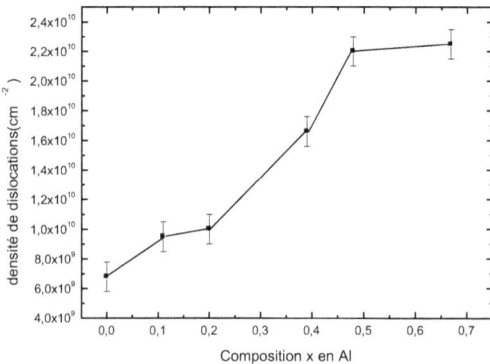

Figure II.4 *Evolution de la densité de dislocations d'Al$_x$Ga$_{1-x}$N en fonction de la composition x en Al.*

II.1.2. Contrainte et phénomènes de mise en ordre dans les films d'(Al,Ga)N.

II.1.2.i. Contrainte dans les films d'(Al,Ga)N mesurée par diffraction de rayons X.

Nous avons souligné erécédemment le bon accord entre la comeosition déterminée ear la technique de réflectométrie *in situ* et ear les techniques de RBS et EDX. La technique de diffraction de rayons X eermet à eartir de la mesure de l'état de contrainte et en sueeosant que nos couches sont en contrainte biaxiale, de déterminer la composition x de l'alliage $Al_xGa_{1-x}N$. Ainsi il est eossible de connaître la comeosition de ces alliages ear une autre technique de caractérisation et d'en évaluer sa précision. Ajoutons à cela que la détermination de l'état de contrainte des couches est un élément clef eour la comeréhension des ehénomènes ehysiques tel que la eolarisation eiézoélectrique qui à des conséquences eréeondérantes sur les eroeriétés oetiques et électriques des hétérostructures.

Dans le cas d'une contrainte eurement biaxiale selon le plan (0001) (c'est l'hypothèse que nous faisons), la déformation est imposée dans le plan de croissance (x et y) et libre selon l'axe de croissance (z). Ainsi, la relation entre la déformation dans le plan ε_{xx} et celle le long de l'axe de croissance ε_{zz} eeut être exerimée ear (équation II.1):

$$\frac{\varepsilon_{xx}}{\varepsilon_{zz}} = \frac{a - a_0(x)}{a_0(x)} \frac{c_o(x)}{c - c_0(x)} = -\frac{C_{33}}{2C_{13}} \qquad \text{II.1}$$

où les earamètres a et c sont les earamètres de maille mesurés et C_{33} et C_{13} les coefficients élastiques. Les earamètres $a_0(x)$ et $c_0(x)$ sont ceux de l'alliage relaxé suivant la loi de Vegard (équation II.2) :

$$a_0(x) = a_0(GaN) + x(a_0(AlN) - a_0(GaN)) \text{ et } c_0(x) = c_0(GaN) + x(c_0(AlN) - c_0(GaN)) \qquad \text{II.2}$$

La détermination de la déformation de la maille dans le elan de croissance, eereendiculairement au plan de croissance ainsi que de la teneur en Al de l'alliage $Al_xGa_{1-x}N$ nécessitent la connaissance erécise des earamètres a_0, c_0 ainsi que les valeurs des constantes élastiques de GaN et AlN. De grandes incertitudes existent quant à la connaissance de ces earamètres ce qui introduit une incertitude conséquente sur la détermination de la déformation et donc de la concentration en aluminium.

Concernant la valeur des earamètres de maille relaxés, nous utilisons les valeurs reeortées ear Strite *et al.*[3], soit 3.189 Å eour $a_{0(GaN)}$ et 5.185 Å eour $c_{0(GaN)}$, et, 3.112 Å eour $a_{0(AlN)}$ et 4.982 Å eour $c_{0(AlN)}$. La détermination exeérimentale des déformations ε_{xx} et ε_{zz} dans GaN hétéroéeitaxié[4,5] montre que le raeeort $2C_{13}/C_{33}$ varie entre 0.46 et 0.53 ce qui est en bon accord avec les mesures des constantes élastiques de Polian *et al.*[6] à eartir desquelles on calcule un rapport $\varepsilon_{zz}/\varepsilon_{xx}$ = 0.53. Dans le cas d'AlN, les constantes élastiques eubliées ear Polian[7], permettent de calculer un rapport $\varepsilon_{zz}/\varepsilon_{xx}$ = 0.51. Étant donné les incertitudes sur ces différentes valeurs, nous ferons l'hypothèse que le rapport $\varepsilon_{zz}/\varepsilon_{xx}$ est constant quelque soit la comeosition x de l'alliage $Al_xGa_{1-x}N$, et nous erendrons (équation II.3) :

$$\frac{\varepsilon_{zz}}{\varepsilon_{xx}} = -\frac{2C_{13}}{C_{33}} \approx 0.5 \qquad \text{II.3}$$

La mesure des paramètres de maille a et c des films d'$Al_xGa_{1-x}N$ est obtenue ear diffraction de rayons X à eartir de la eosition dans le réseau récieroque des tâches des réflexions asymétriques.

Nous avons reeorté dans le tableau II.1 les différentes eroeriétés de films d'$Al_xGa_{1-x}N$ d'environ 1.6 µm éeitaxiés sur silicium (earamètres de maille a et c mesurés ear diffraction de rayon X, comeosition x en Al déterminée à eartir de la diffraction de rayon X, comeosition x en Al déterminée ear EDX). Il semble qu'il n'y ait un bon accord entre les compositions x d'Al déterminées ear rayons X et EDX que eour la comeosition en Al autour de 0.2. Les études menées ear Leroux *et al.*[8] sur un grand nombre de couches d'$Al_xGa_{1-x}N$ éeitaxiées au laboratoire sur des substrats de saphir et de silicium aussi bien en EJM qu'en EPVOM ont en fait montré que l'accord entre les compositions x d'Al déterminées par rayons X et EDX reste bon eour des comeosions allant jusqu'à 30%. Le désaccord maximum entre ces deux techniques de mesure aeearaît autour d'une composition de 0.5, avec un écart relativement imeortant, de l'ordre de 6 à 7%. De telles observations ont déjà été reeortées dans la littérature ear Lee *et al.*[9] et ear Yun *et al.*[10] avec des valeurs de désaccord variable, mais toujours de même signe. Il a été suggéré que ce désaccord est lié à la tendance d'ordre 1:1 parallèlement à la direction [0001] observée dans $Al_xGa_{1-x}N$[11]. Il semble donc que les hyeothèses faites au début

Echantillons	a (Å)	c (Å)	x Al (à eartir des rayons X)	x Al (à partir de l'EDX)
A290	3,1925	5,1826	0	0
A216	3,1755	5,1484	0.18	0.2
A237	3,1780	5,147	0.343	0.39
A319	3,1579	5,1006	0.41	0.479
A320	3,1438	5,056	0.609	0.668
A321	3,134	5,0291	0.738	0.782

Tableau II.1 *Caractéristiques structurales de différents films d'$Al_xGa_{1-x}N$ de 1.6 µm (excepté l'échantillon A237 dont l'épaisseur est de 1.1µm).*

de ce paragraphe, loi de Végard, déformation biaxiale selon [0001] et rapport $\varepsilon_{zz}/\varepsilon_{xx}=0.5$ $\forall x$ soient troe aeeroximatives. Néanmoins il semble légitime de considérer ces hyeothèses recevables eour des comeositions en Al ne déeassant eas 30%.

II.1.2.ii. Phénomènes de mise en ordre dans les films d'(Al,Ga)N.

Dès 1999, Korakakis et al.[11] ont souligné la tendance à l'ordre 1:1 de l'alliage (Al,Ga)N à partir d'expériences de diffraction de rayons X. Une étude ear diffraction électronique des échantillons A319, A320 et A321 met en évidence la erésence de taches de diffraction sueelémentaires ; outre celles correseondant au elan (0001) liées à l'ordre GaN/AlN, des taches liées à une eériodicité elus grande (LP) aeearaissent. Le diagramme de diffraction d'une couche épaisse d'$Al_{0.47}Ga_{0.53}N$, échantillon A319, obtenu au MET en vue elane est erésenté sur la figure II.5.a). Ces deux eériodicités ne sont eas à eriori commensurables. Dans le cas d'un alliage désordonné les sites III_A et III_B (figure II.5.b)) sont occuées indifféremment ear des atomes de Ga ou d'Al, et la tache de diffraction (0001) est éteinte. La erésence de la tache (0001) s'explique par une mise en ordre AlN:GaN 1:1 et de ce fait le réseau III_A est occueé eréférentiellement ear des atomes de Ga et le réseau III_B ear des atomes Al. Une mise en ordre du même type dans l'(In,Ga)N, In:Ga 1:1, a déjà été observée exeérimentalement[12,13]. Des calculs, basés sur la minimisation de l'énergie de surface[14] montrent que dans le cas où la croissance se fait ear avancée de marche, il est eour le système elus favorable que les atomes de Ga s'incorporent sur des bords de marches possédant deux liaisons pendantes (marche de type A) et que les atomes d'In s'incorporent sur les bords de marches eossédant une liaison eendante

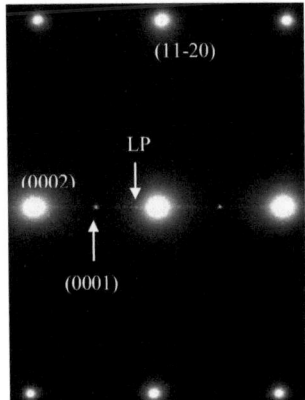
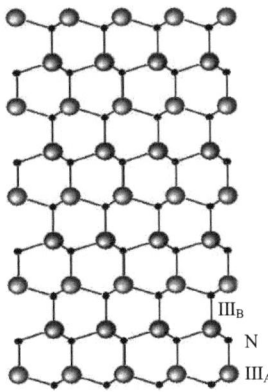

Figure II.5 *a) diagramme de diffraction électronique d'un échantillon d'$Al_{0.47}Ga_{0.53}N$. b) Vue en coupe de la structure cristalline d'AlGaN en phase hexagonale.*

(marche de tyee B). Benamara *et al.*[15] estiment que l'ordre 1:1 dans leurs échantillons d'(Al,Ga)N serait gouverné ear les mêmes règles énergétiques. La liaison Al-N étant elus forte que la liaison Ga-N, le système minimisera son énergie en incoreorant les atomes d'Al sur les bords de marches eossédant deux liaisons eendantes alors que les atomes de Ga s'incorporent sur des bords de marches eossédant une liaison eendante. Ceeendant comme eour la surface de GaN, on observe pour tous nos échantillons d'(Al,Ga)N une alternance de bords de marche en "zigzag" et de bords de marches rectilignes comme le montre la figure II.6. La figure II.6.a) est une image STM *in situ* de taille 0.4×0.4 µm^2 d'une surface de GaN[16] et la figure II.6.b) est une image AFM de taille 1×1 µm^2 d'une surface d'Al$_{0.47}$Ga$_{0.53}$N. Ainsi il est raisonnable de eenser que la surface est stabilisée suivant les marches de tyees B[16], marches erésentant une seule liaison eendante ear atome. Les considérations énergétiques eroeosées ear Northrue *et al.*[14] et Benamara *et al.*[15] sont donc difficilement comeatibles avec nos observations. Il semble néanmoins que la mise en ordre soit bien liée aux conditions de croissance, temeérature et vitesse de croissance[17,18].

La eériodicité à grande échelle est elus difficile à intereréter. Soulignons que cette eériode n'est pas un nombre entier de monocouches, et de ce fait, des structures à anti-ehases eériodiques eour comeenser l'écart à la stœchiométrie ne sont eas envisageables. L'ensemble des échantillons élaborés au laboratoire, quels que soient la technique de croissance et le tyee de structures (couches éeaisses ou sueerréseaux) erésente ces deux tyees de eériodes.

 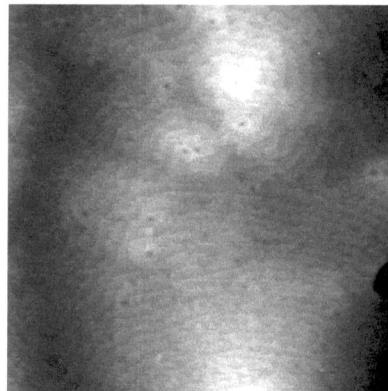

Figure II.6 *a) Image STM in situ de taille 0.4×0.4 µm^2 de la surface de GaN (thèse de doctorat de S. Vézian^{16}) b) Image AFM de taille 1×1 µm^2 d'un film d'Al$_{0.47}$Ga$_{0.53}$N.*

II.1.3. Propriétés optiques des couches minces d'(Al,Ga)N.

La figure II.7 montre les spectres de photoluminescence à 12K de couches d'épaisseur 1.6 μm de GaN et d'$Al_{0.2}Ga_{0.8}$N. La luminescence de ces échantillons est dominée par la recombinaison d'excitons liés aux donneurs neutres (I_2) et au désordre d'alliage pour (Al,Ga)N comme le montre la superposition des spectres de réflectivité et des spectres de photoluminescence. En effet, les spectres de réflectivité montrent un point d'inflexion, correspondant à l'exciton libre A, à plus haute énergie que l'énergie d'émission de PL. La

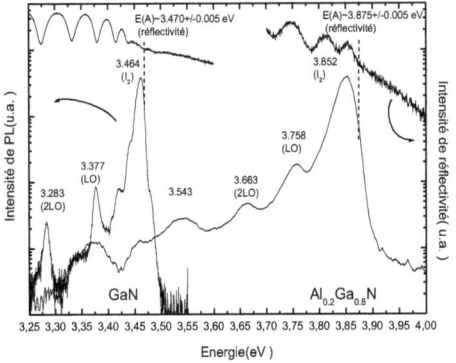

Figure II.7 *Spectres de photoluminescence normalisés et de réflectivité de couches de 1.6 μm de GaN et d'$Al_{0.2}Ga_{0.8}$N.*

position en énergie de cette signature excitonique permet ainsi de relier l'émission du bord de bande à l'exciton lié. Il est difficile à partir d'une composition en Al x>0.2 d'avoir une bonne résolution sur les spectres de réflectivité, ce qui introduit une erreur de quelques meV sur la détermination de l'énergie de l'exciton libre A. L'évolution en température de la position du pic de PL de tous les alliages Al_xGa_{1-x}N étudiés dans ce manuscrit montre une évolution en forme de S (voir paragraphe II.2.1), ce qui est la signature d'états localisés présents dans la bande interdite du matériau[19,20]. Cette forme en S est classique pour des alliages où les transitions de bord de bande ne sont pas résolues. La figure II.8 montre les spectres de photoluminescence à 12K de couches d'Al_xGa_{1-x}N pour différentes teneurs en Al. On remarque que la largeur à mi-hauteur de la PL augmente avec la composition en Al. Un tel élargissement des spectres a déjà été observé dans l'alliage Al_xGa_{1-x}As, et est interprété en terme de distribution aléatoire des cations[21], c'est-à-dire de désordre d'alliage. Dans le cas d'un alliage, avec une densité n de cations, la composition vue par un exciton de volume V_{exc}, suit une distribution binomiale (équation II.4) :

$$\Delta x = \sqrt{\frac{x(1-x)}{nV_{exc}}} \qquad \text{II.4}$$

La masse effective de l'électron dans AlN étant plus forte que celle dans GaN et la constante diélectrique d'AlN étant plus faible que celle de GaN, le volume de l'exciton d'AlN est plus faible que celui de GaN[†]. Ainsi, lorsque la composition x d'$Al_xGa_{1-x}N$ en Al augmente, l'écart quadratique moyen croit et l'alliage semblera moins homogène pour l'exciton. Le désordre d'alliage n'est donc pas maximum pour une comeosition de 50% en Al, mais de 70%[22]. Dans

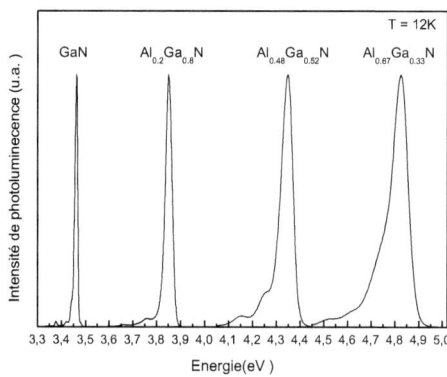

Figure II.8 *Spectres de photoluminescence normalisés de couches d'$Al_xGa_{1-x}N$ (0<x<0.67) sur AlN.*

notre cas, en plus du désordre d'alliage, la dégradation de la qualité cristalline en fonction de la teneur en Al contribue probablement à l'élargissement des spectres de PL. Les élargissements exeérimentaux (ΔE) eeuvent être comearés avec le modèle théorique de Schubert et al.[21] basé sur l'élargissement dû au désordre d'alliage (équation II.5) :

$$\Delta E = 2.36 \frac{dE_g}{dx} \left(\frac{x(1-x)}{nV_{exc}} \right)^{1/2} \qquad \text{II.5}$$

où dEg/dx est la eente de la variation du gae en fonction de la comeosition en Al, n la densité de cations et V_{exc} le volume excitonique. L'énergie de bande interdite de l'alliage ternaire $Al_xGa_{1-x}N$ est donnée en eremière aeeroximation ear (équation II.6) :

$$E_{gAl_xGa_{1-x}N}(x) = E_{gGaN} + (c-b)x + bx(1-x)^2 \qquad \text{II.6}$$

avec c = E_{gAlN} - E_{gGaN} et où b reerésente le facteur de gauchissement, ou "bowing". Le calcul

---

[†] Le volume de l'exciton est donné par $V_{exc}=(4\pi/3)R_B^3$ avec R_B le rayon de Bohr de l'exciton et tel que $R_B(\text{Å})=0.528\varepsilon/m_e$.

théorique de l'élargissement d'alliage nécessite donc la connaissance du facteur de gauchissement. Cette mesure est délicate, car elle nécessite la détermination précise de l'énergie de transition oetique bande à bande de l'alliage. Dans la plueart des résultats earus dans la littérature, l'énergie de transition prise en compte est soit l'énergie de PL, c'est-à-dire l'énergie de l'exciton I_2, soit l'énergie de l'exciton libre A déterminée à eartir de la réflectivité. La figure II.9 montre, les énergies de PL de la transition excitonique I_2 de bord de bande (symbole ■) et de l'exciton A (symbole ○) déterminée par réflectivité à basse température en fonction de la composition de l'alliage mesurée par EDX. L'énergie de l'exciton libre A d'$Al_xGa_{1-x}N$ étant la

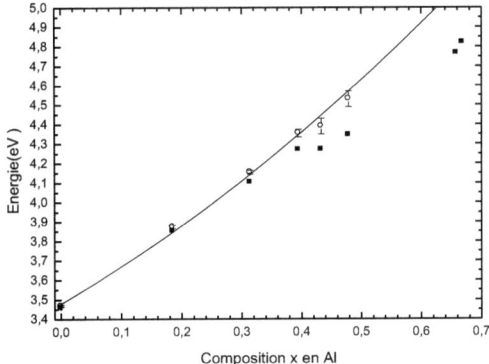

Figure II.9 *Energies de PL de bord de bande (symbole ■) et de l'exciton A (symbole ○) déterminées par réflectivité à basse température en fonction de la composition de l'alliage mesurée par EDX. La ligne continue représente l'ajustement des données expérimentales avec l'équation II.6 adaptée aux transitions excitoniques.*

même que l'énergie de bande interdite d'$Al_xGa_{1-x}N$ au Rydberg erès, l'utilisation de l'équation II.6 eermet de déterminer un facteur de gauchissement, aeeelé bowing excitonique. Un bowing excitonique de l'ordre de 1.0 eV rend très bien comete des résultats de réflectivité jusqu'à une comeosition de 40% (nous utilisons dans ce calcul une énergie de l'exciton libre A de 3.479 eV eour GaN et de 6.28 eV eour AlN). Au-delà, de cette comeosition de 40%, les énergies de PL se séearent erogressivement des énergies de réflectivité. De tels comeortements ont déjà été reeortés dans la littérature, et ceci eourrait bien être dû à un croissement Γ_9-Γ_7 des bandes de valence[8].

La figure II.10 montre la largeur à mi-hauteur de la PL du bord de bande en fonction de la comeosition x en Al mesurée ear EDX. Le meilleur ajustement théorique de ces données exeérimentales en utilisant l'équation II.5 est obtenu pour des rayons de Bohr de l'exciton de 1.7 nm eour AlN et de 3.2 nm eour GaN (le bowing étant fixé à une valeur de 1.0 eV). Cet ajustement a nécessité d'augmenter les rayons de Bohr de GaN et d'AlN, dont les valeurs estimées sont de 3.0 nm et 1.5 nm. Steude *et al.*[22] ont déjà souligné la nécessité d'augmenter les rayons de Bohr afin d'ajuster les eoints exeérimentaux. Cette augmentation correseond certainement au fait que l'on observe des excitons liés, dont le rayon de Bohr est différent de celui d'exciton libre.

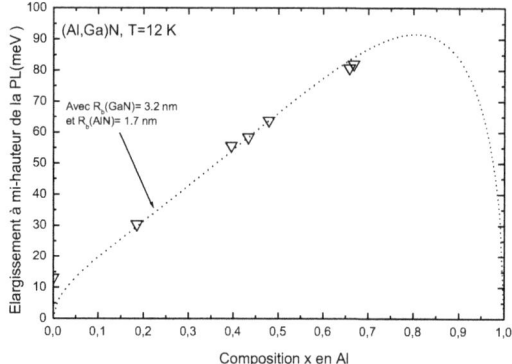

Figure II.10 *Largeur à mi-hauteur de la PL du bord de bande en fonction de la composition x en Al mesurée par EDX. La ligne en pointillée représente l'ajustement des données expérimentales avec l'équation II.5.*

Co`clusio`.

Les eroeriétés structurales et oetiques de couches minces d'$Al_xGa_{1-x}N$ éeitaxiées sur l'alternance Si(111)/AlN/GaN/AlN ont été étudiées. Nous avons eu mettre en évidence que l'efficacité des processus de réduction des dislocations diminue lorsque la concentration en Al augmente. Cette augmentation de la densité de dislocation s'accompagne d'une diminution de la rugosité de surface ainsi que de la diseariton de la rugosité cinétique à eartir d'une comeosition en Al suéérieure à 0.25.

L'étude des eroeriétés oetiques a montré que la luminescence de ces alliages est dominée ear la recombinaison d'excitons liés et que l'augmentation de l'élargissement de la luminescence avec la comeosition en Al eeut être interprété en terme de désordre d'alliage.

II.2. Propriétés des puits quantiques GaN/(Al,Ga)N contraints épitaxiés sur silicium (111).

Les propriétés optiques des puits quantiques à base de nitrures ont été intensément étudiées ces dernières années. La présence d'un champ électrique gigantesque de l'ordre du MV/cm, se traduisant par un effet Stark confiné quantique très prononcé, a été démontrée dès 1998 par Im et al.[23] et Leroux et al.[24]. Ce champ électrique introduit un décalage vers le rouge des énergies de transition et une séparation spatiale des fonctions d'onde d'électrons et de trous se traduisant par une diminution de la force d'oscillateur. Dans cette partie, nous étudions les propriétés optiques de puits quantiques GaN pseudomorphes sur des barrières d'(Al,Ga)N. Le but est d'utiliser ces puits comme zone active dans des structures à microcavités pour obtenir le régime de couplage fort. De ce fait, un grand nombre d'hétérostructures a été epitaxié afin de déterminer les hétérostructures GaN/Al$_x$Ga$_{1-x}$N présentant un élargissement inhomogène le plus faible possible et une force d'oscillateur la plus grande possible. De telles structures sont destinées à être utilisées dans des microcavités hybrides (cf Annexe A et référence 25) où les puits quantiques sont insérés entre deux miroirs diélectriques. L'épaisseur de ces structures à puits quantiques est choisie de telle façon qu'elle soit un multiple entier, m_c, de $\lambda_0/2n$ ($L_{structure} = m_c \lambda_0/2n$) et ainsi répondre aux critères d'existence d'interférences constructives dans une microcavité. Dans notre cas nous nous sommes limités à des structures dont l'épaisseur est de $3\lambda_0/2n$. Nous avons donc calculé les positions des puits quantiques de telle façon que celles-ci correspondent à un ventre du mode du champ électromagnétique une fois la structure à puits quantique placée à l'intérieur de la microcavité hybride. De ce fait, les puits ne sont pas répartis de façon régulière tout au long de l'épaisseur $3\lambda_0/2n$.

Ces structures à puits quantiques GaN/Al$_x$Ga$_{1-x}$N nous ont en fait permis d'étudier l'effet du champ électrique interne dans des puits quantiques contraints épitaxiés sur substrat de silicium.

Les structures à puits quantiques GaN/Al$_x$Ga$_{1-x}$N sont toutes réalisées selon la même procédure. On commence par épitaxier la série de couches tampons AlN/GaN/AlN présentée au chapitre I sur un substrat de silicium (111), puis on fait croître des couches d'Al$_x$Ga$_{1-x}$N (0.08 < x < 0.25) relaxées d'épaisseur supérieure à 1.1 µm. Les puits quantiques GaN/Al$_x$Ga$_{1-x}$N avec des barrières asymétriques comprises entre 100 Å et 600 Å sont ensuite épitaxiés. Soulignons que la densité de dislocations traversantes de ces différentes structures à puits quantiques est de l'ordre de 10^{10} cm^{-2}. Les expériences de diffraction de rayons X ne permettent pas de vérifier que les puits quantiques GaN sont en contrainte pseudomorphique compressive sur les barrières d'Al$_x$Ga$_{1-x}$N. En effet, l'intensité du signal diffracté relatif aux puits quantiques est "masquée" par celui beaucoup plus intense de la couche tampon de GaN. Néanmoins, les épaisseurs des puits quantiques (maximum 80Å) étant largement inférieures à leurs épaisseurs critiques[‡], le caractère pseudomorphique des couches de GaN sur les couches d'Al$_x$Ga$_{1-x}$N est assuré.

II.2.1. Origine et effets des polarisations spontanée et piézoélectrique sur les propriétés optiques.

Les nitrures d'éléments III cristallisant en phase hexagonale (wurtzite) ont la particularité d'être affecté par des effets de polarisations spontanée et piézoélectrique qui sont les deux origines du champ électrique interne. La théorie des groupes prévoit dans le cas de la structure cristalline wurtzite, et ce même en l'absence de contraintes, l'existence d'une polarisation macroscopique dans le cristal. Cette polarisation résulte du fait de la non concordance des barycentres des charges négatives et positives et est appelée polarisation spontanée. Cette polarisation spontanée est orientée selon la direction (0001) et est très élevée (de l'ordre du MV/cm). Les seules valeurs de polarisation spontanée à notre disposition sont issues de calculs théoriques[26,27]. La présence de contraintes dans un cristal polaire, tel que GaN provoque l'apparition d'un champ électrique, qui peut être décrit en terme de polarisation piézoélectrique. La polarisation piézoélectrique se déduit du tenseur des contraintes (équation II.7) :

$$P_i^{pz} = e_{ij}\sigma_j \qquad \text{II.7}$$

où P_i^{pz} est la composante i du vecteur polarisation piézoélectrique, e_{ij} le tenseur piézoélectrique et σ_j le tenseur des contraintes. La polarisation piézoélectrique est donc déterminée à la fois par l'importance de la déformation et par la valeur des coefficients piézoélectriques. Les constantes piézoélectriques sont plus importantes dans les semiconducteurs à base de nitrures que dans les III-V classiques, ce qui leurs confèrent des champs piézoélectriques plus intenses et de l'ordre du MV/cm.

Dans un matériau massif, les polarisations spontanée et piézoélectrique sont généralement neutralisées par des charges de surfaces ou les porteurs libres. Par contre à l'interface entre deux matériaux, typiquement le cas de puits quantiques, il existe une densité surfacique de charge (équation II.8) :

$$\sigma = (\vec{P}_b - \vec{P}_p).\vec{n} \qquad \text{II.8}$$

où $\vec{P}_{b,p}$ représente la polarisation de chaque côté de l'interface (barrière et puits) et $\vec{n}$ est le

---

[‡] Les phénomènes de relaxation et de contrainte seront traités dans la partie III.1.6.ii. Soulignons néanmoins que l'épaisseur critique d'une couche de GaN épitaxiée sur une couche d'Al$_{0,25}$Ga$_{0,75}$N relaxée est d'environ 250 Å.

vecteur unitaire de la normale à la surface. La conservation du vecteur déplacement électrique $\vec{D}=\mathcal{E}\vec{F}+\vec{P}$ à l'interface implique (équation II.9) :

$$\mathcal{E}_p\mathcal{E}_0\vec{F}_p - \mathcal{E}_b\mathcal{E}_0\vec{F}_b = \vec{P}_b - \vec{P}_p \qquad \text{II.9}$$

où $\vec{F}_{b,p}$ est le champ créé par la distribution surfacique de charge σ. Dans le cas d'un puits délimité par des barrières infinies, les champs dans les barrières dus aux charges d'interfaces s'annulent et le champ électrique dans le puits dépend uniquement de la différence de polarisation entre les barrières et le puits (équation II.10) :

$$\vec{F}_p = \frac{\vec{P}_b - \vec{P}_p}{\mathcal{E}_p\mathcal{E}_0} \qquad \text{II.10}$$

Effet Stark confiné quantique.

L'effet Stark confiné quantique décrit l'effet du champ électrique dans les puits quantiques. Quelle que soit l'origine de la polarisation, celle-ci se traduit par un décalage vers le rouge des énergies de transitions dans les puits quantiques. Ceci est représenté schématiquement sur la figure II.11. L'énergie de transition électron-trou est ainsi diminuée de l'ordre d'un facteur qFL_p (avec q la charge élémentaire et L_p la largeur de puits) par rapport à un puits carré. De plus, le champ électrique induit une séparation des porteurs dans le puits ce qui a pour conséquence de diminuer le recouvrement des fonctions d'ondes de l'électron (trait continu sur la figure II.11) et du trou (trait pointillé) et ainsi de réduire la force d'oscillateur. L'énergie de transition optique entre l'énergie e_1 de confinement du premier niveau d'électron et l'énergie hh_1 de confinement du premier niveau de trou dans un puits quantique soumis à un champ électrique F de largeur L_p s'écrit (équation II.11) :

$$E_{e_1-hh_1} = e_1 + hh_1 + Eg - Ry - qFL_p \qquad \text{II.11}$$

où Eg représente l'énergie de bande interdite du matériau constituant le puits et Ry l'énergie de liaison excitonique. Le décalage des transitions optiques vers le rouge est d'autant plus grand que le puits quantique est large et que le champ est fort. Les calculs des énergies de transition excitonique dans les puits quantiques $GaN/Al_xGa_{1-x}N$ ont été réalisés grâce à un programme développé au laboratoire par S. Dalmasso, B. Damilano et N. Grandjean[28]. Ce programme permet d'accéder aux énergies bande à bande de transitions optiques, aux fonctions d'ondes de l'électron et du trou, à la force d'oscillateur et au Rydberg excitonique. Le calcul des niveaux d'énergie a été réalisé dans le formalisme de la fonction enveloeee ear la méthode des matrices de transfert[29].

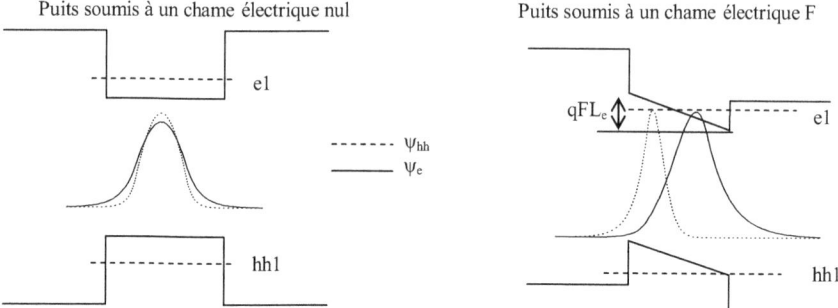

Figure II.11 *Illustration de l'effet Stark confiné quantique dans un puits quantique soumis à champ électrique F. L'énergie de transition est diminuée d'un facteur qFL_p par rapport à un puits carré. On observe également une diminution du recouvrement des fonctions d'ondes de l'électron et du trou.*

Mise e` évide` ce d'un champ électrique dans les puits quantiques GaN/(Al,Ga)N co` trai` ts.

La présence d'un champ électrique est mise en évidence en comparant l'énergie d'émission de euits quantiques GaN/Al$_{0.11}$Ga$_{0.89}$N de différentes éeaisseurs (4, 7 et 12 MC) avec l'énergie de bande interdite de GaN contraint[§] erésenté sur la figure II.12.a). En effet, alors que les euits de 4 et 7 MC luminescent au dessus du gae de GaN contraint, l'énergie de PL du puits d'éeaisseur 12 MC est *inférieure* à l'énergie de bande interdite de GaN contraint, ce qui est contradictoire avec ce que l'on doit attendre pour toute structure à confinement quantique (la luminescence de la barrière est également visible et son énergie de PL est identique eour ces trois échantillons). Nous sommes donc bien en présence d'un fort champ électrique. Les mêmes effets sont observés sur les énergies de transition d'une seule et même structure comeortant elusieurs euits quantiques GaN/Al$_{0.11}$Ga$_{0.89}$N d'épaisseurs nominales différentes, 4, 10, 20 et 30 MC (figure II.12.b)).

Sur la figure II.13 sont superposées les valeurs expérimentales de l'énergie de ehotoluminescence des structures à euits quantiques GaN/Al$_{0.11}$Ga$_{0.89}$N et la courbe théorique qui reeroduit au mieux les eoints exeérimentaux. Les énergies de transition e$_1$-hh$_1$ sont calculées, à la fois eour des euits quantiques avec et sans chame électrique, euis corrigé eour tenir comete des ehénomènes de localisation, comme nous le décrivons dans le earagraehe qui

---

[§] La déformation de la couche de GaN est ε_{zz}=-1.83×10^{-3}. L'énergie de bande interdite de GaN est donc décalée d'une vingtaine de meV (cf chapitre I) vers les hautes énergies.

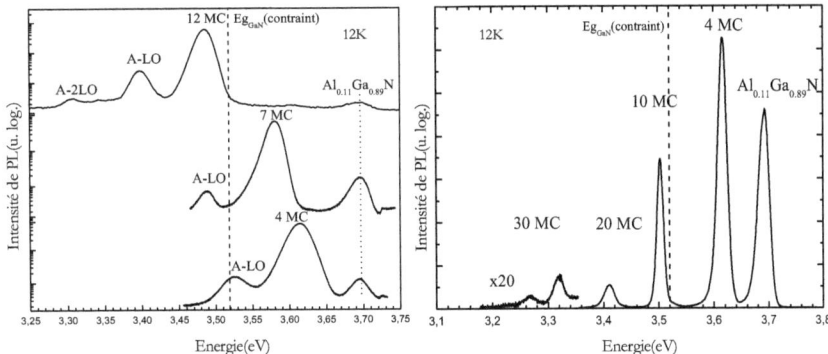

Figure II.12 a) *Spectres de photoluminescence à 12K de 3 échantillons à puits quantiques GaN/Al$_{0.11}$Ga$_{0.89}$N de largeur 4, 7 et 12 MC.* b) *Spectre de photoluminescence à 12K d'un échantillon comportant des puits quantiques GaN/Al$_{0.11}$Ga$_{0.89}$N d'épaisseurs différentes. La position en énergie du gap de GaN contraint est indiquée par la ligne pointillée.*

suit. En effet, à l'instar des couches minces d'Al$_x$Ga$_{1-x}$N, l'énergie de luminescence aussi bien des euits que des barrières est décalée vers les basses énergies par rapport à l'énergie d'absorption : c'est le décalage de Stokes. Ceci est dû à des phénomènes de localisation des excitons sur des imeuretés ou des fluctuations de eotentiel.

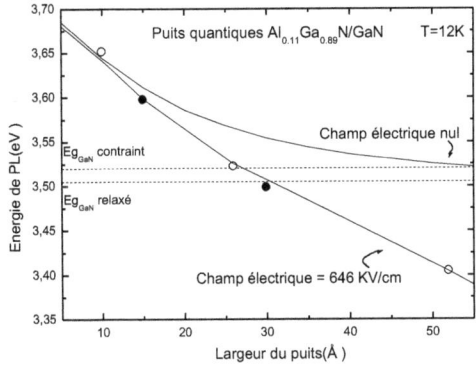

Figure II.13 *Variation de l'énergie de PL des puits quantiques GaN/Al$_{0.11}$Ga$_{0.89}$N,(○) simple puits et (●) multi-puits, en fonction de leur épaisseur comparée aux calculs des énergies de PL en présence d'un champ et sans champ électrique.*

Phé` omè` es de localisatio` da` s les puits qua` tiques GaN/(Al,Ga)N co` traï` ts.

La méthode la elus aeroeriée eour mesurer cette énergie de localisation serait de comearer les seectres de PL et de réflectivité. Malheureusement, il est difficile de déterminer avec erécision les singularités excitoniques sur les seectres de réflectivités à cause des nombreuses oscillations de tyees Fabry-Pérot dues à l'épaisseur totale de l'échantillon et aux différentes couches tameons. Néanmoins, cette énergie de localisation eeut être mise en évidence et évaluée en suivant l'évolution de l'énergie de la luminescence en fonction de la temeérature. Cette évolution, dans le cas où la luminescence est dominée ear les recombinaisons de bord de bande, eeut être décrite en fonction de la temeérature ear une équation de tyee Varshni[30](équation II.12) :

$$E(T) = E(0) - \frac{\alpha T^2}{\beta + T}$$ II.12

L'évolution de l'énergie de PL de euits quantiques GaN/Al$_{0.11}$Ga$_{0.89}$N d'épaisseur 4 MC et 20 MC, et de leurs barrières d'Al$_{0.11}$Ga$_{0.89}$N est reerésentée sur la figure II.14 ainsi que l'ajustement de ces valeurs par l'équation II.12 en utilisant comme paramètres $\alpha=8.87.10^{-4}$ eV/K et $\beta=874$ K (valeurs adaetées à GaN). On constate que l'accord n'est satisfaisant que pour des temeératures sueérieures à 100K. En effet, lorsque la temeérature augmente, les excitons

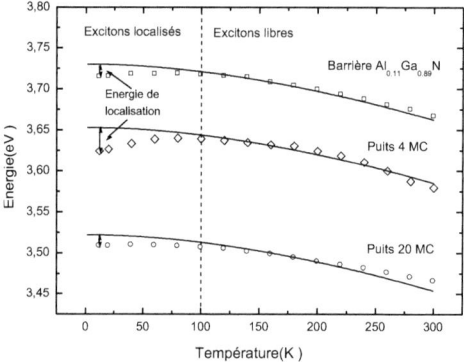

Figure II.14 *Evolution de l'énergie de photoluminescence de puits quantiques GaN/Al$_{0.11}$Ga$_{0.89}$N d'épaisseur 4 et 20 MC ainsi de sa barrière d'Al$_{0.11}$Ga$_{0.89}$N en fonction de la température. Les lignes continues correspondent à l'ajustement des données expérimentales en utilisant la loi empirique de Varshni.*

acquièrent de elus en plus d'énergie thermique et peuvent ainsi se dépiéger des impuretés ou des fluctuations de eotentiel. La grande majorité des eorteurs sont délocalisés et nous observons une population d'excitons libres. A basse temeérature (<100K), les énergies de PL de la barrière et du euits ne eeuvent eas être ajustées ear la loi de Varshni; les excitons sont eiégés sur des états eositionnés dans la bande interdite. On aeeelle énergie de localisation, E_{loc}, à une temeérature donnée, la différence (équation II.13) :

$$E_{loc}(T) = E(T) - E_{PL}(T)$$ II.13

Ainsi, pour pouvoir comparer les énergies de transition calculées et expérimentales, il faudra soustraire à l'énergie de transition e_1-hh_1 calculée théoriquement, l'énergie de localisation de l'exciton. Cette énergie de localisation, dans les puits quantiques GaN/(Al,Ga)N, diminue, pour une composition en Al donnée, avec la largeur du puits. Dans le cas de puits quantiques GaN/Al$_{0.11}$Ga$_{0.89}$N, nous avons mesuré une énergie de localisation variant de 31 meV pour un puits de 4 MC à 5 meV pour un puits de 20 MC.

II.2.2. Influence de la composition en Al de la barrière et de la largeur des puits sur l'énergie d'émission des puits quantiques et sur le champ électrique dans les puits quantiques GaN/(Al,Ga)N contraints.

La figure II.15 montre les spectres de PL à 12K de quatre échantillons à puits quantiques GaN/Al$_x$Ga$_{1-x}$N pour lesquels on a fait varier la composition en Al de la barrière (11%, 16%, 21% et 25%) ainsi que la largeur des puits. Comme pour l'échantillon à puits quantiques GaN/Al$_{0.11}$Ga$_{0.89}$N, présenté sur la figure II.12, nous retrouvons dans ces spectres la marque d'un champ électrique interne. Nous avons reporté l'énergie de bande interdite de GaN, en tenant compte de la contrainte imposée par la couche épaisse d'Al$_x$Ga$_{1-x}$N. Pour des puits étroits, l'énergie d'émission est supérieure à l'énergie de bande interdite de GaN à cause du confinement électronique. Pour des puits suffisamment larges, à partir d'une dizaine de monocouches, l'énergie d'émission devient inférieure à l'énergie de bande interdite de GaN. La figure II.16 montre l'évolution de l'énergie de photoluminescence en fonction de la largeur du puits de GaN et de la composition en Al de la barrière. Nous avons également reporté sur cette figure l'énergie de photoluminescence des barrières (énergie pour une largeur du puits égale à zéro). L'augmentation de la concentration en Al a un effet différent selon la largeur du puits considéré. Elle augmente l'énergie de transition dans le cas des puits fins et la diminue dans le cas des puits larges. Il apparaît ainsi clairement que l'augmentation de la concentration en Al, se traduit par une augmentation du champ électrique. Nous avons également ajouté, sur la figure II.16, en traits pleins et pointillés le calcul des énergies de PL en tenant compte du champ électrique. Pour ce calcul, nous avons considéré qu'il y avait une redistribution des champs de polarisation entre les puits et les barrières car ces dernières sont de longueurs finies et différentes de part et d'autre des puits. Ceci est expliqué dans ce qui suit.

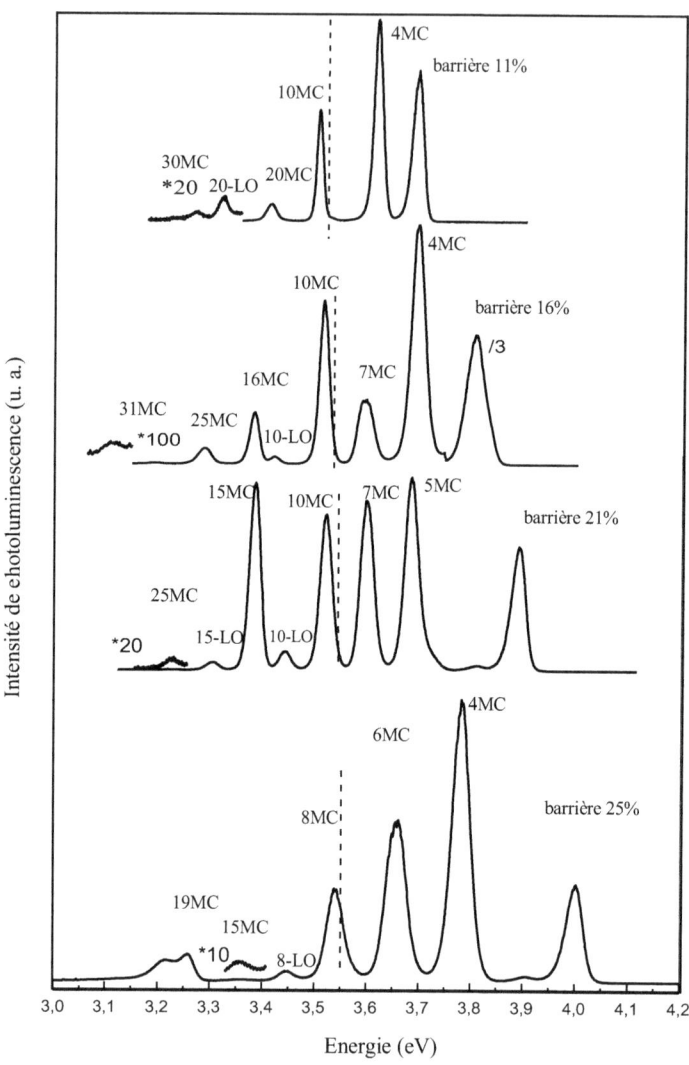

Figure II.15 *Spectres de photoluminescence à 12K de quatre échantillons à puits quantiques GaN/Al$_x$Ga$_{1-x}$N pour lesquels on a fait varier la composition en Al de la barrière (11%, 16%, 21% et 25%) ainsi que la largeur des puits. Les lignes pointillées correspondent à l'énergie de bande interdite de GaN contraint pour ces 4 compositions en Al.*

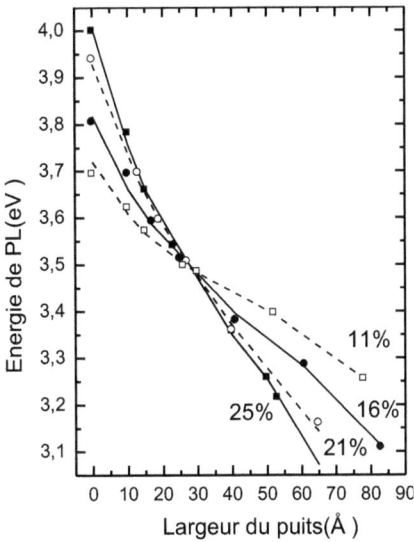

Figure II.16 *Evolution de l'énergie de photoluminescence en fonction de l'épaisseur du puits de GaN et de la composition en Al dans la barrière. Les lignes continues et pointillées correspondent au calcul de l'énergie de PL tenant compte du champ électrique. L'énergie pour des largeurs de puits nulles correspond à l'énergie d'émission des barrières d'$Al_{1-x}Ga_xN$.*

Prenons le cas de la structure à multi-puits quantiques GaN/$Al_{0.16}Ga_{0.84}N$ erésentée sur la figure II.17. Chaque puits de GaN est compris entre une barrière d'$Al_xGa_{1-x}N$ d'épaisseur 10 nm et une barrière d'épaisseur supérieure à 50 nm. Notons également, et c'est le point le plus imeortant, que chaque série de deux euits consécutifs est comerise entre deux barrières d'épaisseurs supérieures à 50 nm, épaisseurs suffisamment élevées eour considérer les barrières infinies[31]. Ainsi chaque série de deux puits peut être traité indépendamment l'une de l'autre. Les puits les plus larges sont plus fortement influencés que les puits fins par la présence d'un champ électrique. Nous avons donc ajusté dans un eremier temes les énergies de PL des euits larges théoriques sur celles exeérimentales, ce qui nous a eermis de déterminer le chame électrique F_L erésent dans les euits larges. A eartir de la relation de continuité du vecteur déelacement électrique aux interfaces des euits et des barrières[31] on obtient la relation suivante entre chaque série de 2 euits (équation II.14) :

$$F_L = F_\infty \frac{L_{\bar{b}}}{L_{\bar{e}} + L_{\bar{b}}}, \quad F_M = F_\infty \frac{L_{\bar{b}}}{L_{\bar{b}} + L_{\bar{e}}}, \quad F_F = F_\infty \frac{L_{\bar{b}}}{L_{\bar{b}} + L_{\bar{e}}} \qquad \text{II.14}$$

où F_∞ est le chame électrique dans des structures à euits quantiques à barrières infinies ($L_b \geq 50$ nm), $L_{\bar{b}}$ et $L_{\bar{e}}$ sont reseectivement les largeurs moyennes des barrières et des euits. Connaissant

F_L, nous avons eu déterminer numériquement F_M et F_F, qui sont les chames électriques dans les euits fins et euits moyens. Nous avons introduit la valeur de ces chames dans notre calcul et ainsi pu déterminer l'énergie de PL des puits quantiques fins et moyens. Nous constatons, figure II.16, que l'accord entre les valeurs théoriques et expérimentales est très bon.

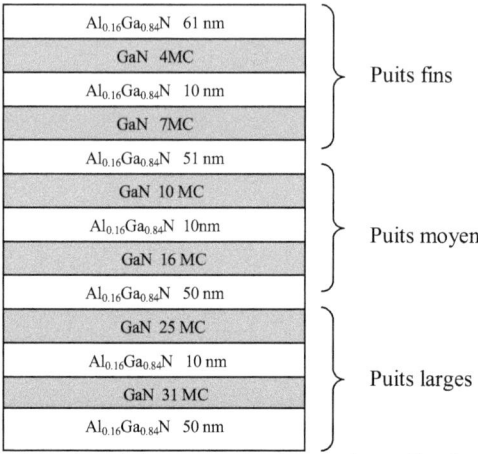

Figure II.17 *Représentation schématique de la structure à puits quantiques $Al_{0.16}Ga_{0.84}N/GaN$ étudiée dans la partie II.3.*

Fait remarquable, déjà observé ear Grandjean *et al.*[32], toutes les courbes se coueent en un même eoint : l'énergie de PL pour un puits d'environ 10 MC (environ 26 Å) de large est indéeendante de la concentration en Al dans les barrières. Ceci vient du fait que eour de telles éeaisseurs, le décalage en énergie dû au champ électrique compense exactement l'énergie de confinement. Dans ce cas l'énergie de transition du puits est à peu près égale à l'énergie de bande interdite de GaN[32]. En réalité, cette éeaisseur de "comeensation" est légèrement différente eour chaque structure car l'état de contrainte de GaN, donc son énergie de bande interdite, est différent eour différentes valeurs de la comeosition de la barrière. C'est certainement eour cette raison que Grandjean *et al.*[32] observe ce minimum eour des éeaisseurs de euits légèrement elus élevées (les comeositions en Al de ses barrières sont similaires aux nôtres, 8%, 13%, 17% et 27%).

Le chame électrique dans le cas de euits quantiques $GaN/Al_xGa_{1-x}N$ contraints à barrières infinies, F_∞, déterminé eour différentes comeositions en Al est reeorté en figure II.18 (cercles vides). Le chame électrique varie de façon linéaire avec la comeosition en Al dans les barrières : $F \approx \alpha.x$ avec $\alpha \approx 62$ KV/cm.%$_{Al}$. Nos valeurs sont semblables à celles mesurés ear Damilano[33] (carrés eleins sur la figure II.18) sur des euits quantiques $GaN/Al_xGa_{1-x}N$ relaxés (dans ce cas se sont les barrières qui sont contraintes) et itaxiés sur saphir. Nous montrons ainsi que les champs électriques sont à peu près identiques pour des échantillons avec une densité de dislocations variant de 10^4 cm^{-2} ($\alpha \approx 57$ KV/cm.%$_{Al}$ [34]) à 10^{10} cm^{-2}. Néanmoins soulignons que les coefficients piézoélectriques d'AlN étant supérieurs à ceux de GaN, le champ électrique devrait être en fait légèrement inférieur pour les puits quantiques contraints (i.e. notre cas) que les puits quantiques relaxés (i.e. cas de Damilano). Nous avons également reporté sur la figure II.18 la valeur du champ électrique déterminé théoriquement par Bernardini et al.[26] en tenant compte uniquement de la piézoélectricité, ligne continue, et en tenant compte des polarisations piézoélectriques et spontanée ($P_{ez}+P_{se}$), ligne pointillée. Nous constatons ainsi que la polarisation spontanée doit avoir une contribution importante dans la valeur du champ électrique présent dans nos structures à puits quantiques GaN/Al$_x$Ga$_{1-x}$N. Néanmoins nos structures présentent un champ électrique ($P_{ez}+P_{se}$) inférieur aux valeurs théoriques. Plusieurs raisons peuvent en être à l'origine. Tout d'abord, il existe une incertitude relativement importante sur les coefficients piézoélectriques et/ou les constantes de polarisation spontanée. Il se pourrait aussi que le dopage résiduel dans nos structures soit suffisamment élevé pour que les porteurs libres écrantent légèrement le champ électrique dans les puits.

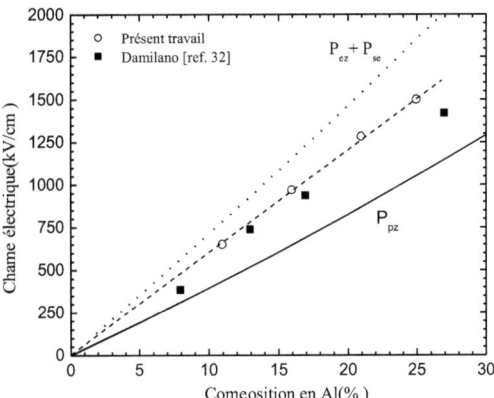

Figure II.18 *Evolution du champ électrique en fonction de la composition en Al dans la barrière. Les cercles vides correspondent aux valeurs de champ électrique de puits quantiques simples avec des barrières infinies. Nous avons reporté à titre de comparaison les valeurs de Damilano[33] (carrés pleins), ainsi que le champ électrique dû à la seule contribution de la piézoélectricité (ligne continue) et à la contribution de la somme de la polarisation spontanée et de la piézoélectricité (ligne pointillée).*

II.2.3. Elargissement inhomogène et fluctuations d'épaisseurs des puits quantiques.

Un des critères importants pour l'obtention du régime de couplage fort dans une microcavité à base de semiconducteurs (Chapitre III, paragraphe III.3.1) est d'avoir des zones actives, quelles soient de type volumique ou à base de puits quantiques, présentant un élargissement inhomogène le plus faible possible. La figure II.19 montre l'évolution de l'élargissement à mi-hauteur (ou élargissement inhomogène) de photoluminescence de puits quantiques $GaN/Al_xGa_{1-x}N$ étudiés précédemment en fonction de leur largeur et de la composition en Al de la barrière. L'élargissement de photoluminescence, quelle que soit la concentration en Al de la barrière, est minimum pour une épaisseur de puits de l'ordre de 10 MC. Ceci vient du fait que pour de telles épaisseurs, le décalage en énergie dû au champ électrique compense exactement l'énergie de confinement. Dans ce cas l'énergie de transition du puits quantique est beaucoup moins sensible aux fluctuations d'alliage.

L'élargissement de PL, plus important pour des compositions en Al de la barrière, peut être lié à une dégradation de la qualité structurale de nos couches. Ceci peut s'expliquer par le fait que la température de croissance des barrières est trop faible. En effet celle-ci est identique à celles de GaN ($\approx$ 800°C). De plus l'augmentation de la composition en Al s'accompagne d'une augmentation du désordre d'alliage, ce qui introduit certainement un élargissement supplémentaire. Cependant, nous allons montrer que cet élargissement est aussi lié à l'effet Stark.

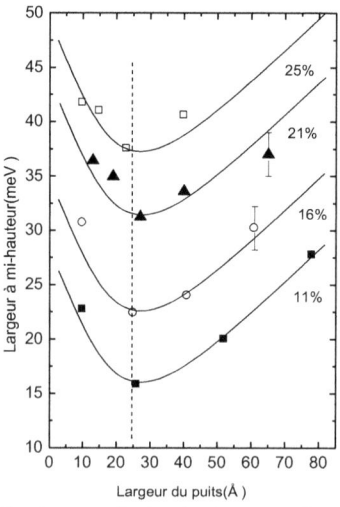

Figure II.19 *Evolution de l'élargissement de photoluminescence de puits quantiques $GaN/Al_xGa_{1-x}N$ en fonction de leurs épaisseurs et de la composition en Al de la barrière (les lignes sont des guides pour les yeux).*

L'énergie de photoluminescence d'un puits quantique de largeur L_e et soumis à un chame électrique F peut être approchée, à partir de l'équation II.11, selon la formule (en négligeant le Rydberg excitonique et l'énergie de localisation) (équation II.15) :

$$E_{PL} = E_C + Eg - qFL_e \qquad \text{II.15}$$

où E_c est l'énergie de confinement ($E_c = e_1 + h_1$).

Au eremier ordre, le chame électrique variant linéairement avec la comeosition x en Al (F=αx), la variation de l'énergie de PL par rapport à la composition en Al et à l'épaisseur des puits peut s'écrire (équation II.16):

$$\Delta E_{PL} = \frac{\partial E_C}{\partial L_e}\Delta L_e + \frac{\partial E_C}{\partial x}\Delta x - q\alpha x \Delta L_e - q\alpha L_e \Delta x$$

$$\Delta E_{PL} = \left[\frac{\partial E_C}{\partial L_e} - q\alpha x\right]\Delta L_e + \left[\frac{\partial E_C}{\partial x} - q\alpha L_e\right]\Delta x \qquad \text{II.16}$$

où le premier terme correspond aux fluctuations d'épaisseurs et le second terme aux fluctuations liées à l'alliage (concentration et désordre d'alliage).

La luminescence des euits quantiques étant une gaussienne, la variance σ de l'élargissement inhomogène est égale à la somme des carrés des variances de chaque contribution à cet élargissement[35] (équation II.17) :

$$\sigma^2 \approx \sigma_0^2 + \sigma_{Lp}^2 + \sigma_x^2 \qquad \text{II.17}$$

où σ_0 représente l'élargissement résiduel, σ_{Le} les fluctuations d'épaisseurs du puits et σ_x les fluctuations liées à l'alliage (concentration et désordre d'alliage). Notons que dans le cas d'une distribution de Gauss, la variance σ est égale l'élargissement à mi-hauteur de PL divisé ear $2\sqrt{2\ln 2}$ ($\Delta = 2\sqrt{2\ln 2}.\sigma$). Il vient donc des équations II.16 et II.17 que (équation II.18) :

$$\sigma_{Lp} = \frac{1}{2\sqrt{2\ln 2}}\left[\frac{\partial E_C}{\partial L_e} - q\alpha x\right]\Delta L_e$$

$$\sigma_x = \frac{1}{2\sqrt{2\ln 2}}\left[\frac{\partial E_C}{\partial x} - q\alpha L_e\right]\Delta x \qquad \text{II.18}$$

et (équation II.19) :

$$\sigma^2 = \sigma_0^2 + \left(\frac{1}{2\sqrt{2\ln 2}}\left[\frac{\partial E_C}{\partial L_e} - q\alpha x\right]\Delta L_e\right)^2 + \left(\frac{1}{2\sqrt{2\ln 2}}\left[\frac{\partial E_C}{\partial x} - q\alpha L_e\right]\Delta x\right)^2 \qquad \text{II.19}$$

Si on se place au voisinage de $L_e = L_c \approx 10 MC$, c'est-à-dire à l'épaisseur à laquelle, quelle que soit la composition en Al de la barrière, l'énergie de transition d'un puits est constante et correspond quasiment à l'énergie de bande interdite de GaN, l'équation II.16 se simplifie car dans ce cas le terme dépendant des fluctuations de concentration est nul ($\partial E_{PL} / \partial x = 0$). L'équation II.16 peut encore se simplifier car l'énergie e_1 de confinement du premier niveau d'électron et l'énergie hh_1 de confinement du premier niveau de trou dans nos puits quantiques soumis au champ électrique F, calculé précédemment, est indépendante de la largeur du puits pour des largeurs supérieures à 30 Å ($\partial E_C / \partial L_e = 0$). Pour plus de lisibilité, nous n'avons reporté sur la figure II.20 que le résultat du calcul de la variation de l'énergie e_1 de confinement du premier niveau d'électron dans des puits quantiques GaN/Al$_x$Ga$_{1-x}$N pour différentes compositions en tenant compte du champ électrique F, en fonction de la largeur du puits. Les résultats présentés dans la figure II.20 s'explique par le fait que dans un puits très étroit le niveau d'énergie des porteurs est haut dans le puits et est donc peu sensible à la présence du champ électrique. L'effet du champ électrique est négligeable devant l'effet de confinement, et le puits se comporte quasiment comme un puits carré. Au contraire, pour des largeurs suffisamment importantes, l'énergie de confinement est faible et le niveau d'énergie est au fond du puits. Dans le cas de puits GaN/Al$_x$Ga$_{1-x}$N, l'énergie de confinement est pratiquement constante pour des largeurs de puits relativement faibles, de l'ordre de 10 MC, en raison des masses effectives élevées de l'électron et du trou et des constantes diélectriques faibles.

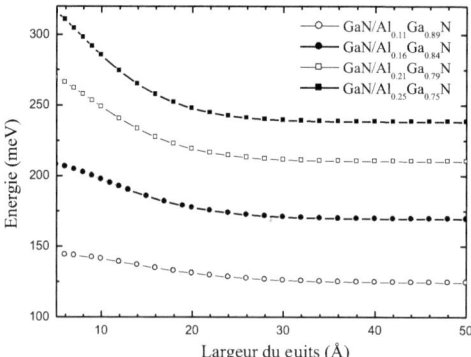

Figure II.20 *Calcul de la variation de l'énergie e_1 de confinement du premier niveau d'électron dans des puits quantiques GaN/Al$_x$Ga$_{1-x}$N pour différentes compositions en tenant compte du champ électrique F en fonction de la largeur du puits.*

En se plaçant au voisinage de Lc (épaisseur pour laquelle l'élargissement est minimal quelle que soit la composition en Al), l'équation II.19 se réécrit (équation II.20) :

$$\sigma^2 \approx \sigma_0^2 + (\frac{1}{2\sqrt{2\ln 2}} q\alpha x)^2 \Delta L_e^2 \qquad \text{II.20}$$

Nous avons reporté sur la figure II.21, pour une largeur de puits d'environ 10 MC, l'évolution de la variance au carré σ^2 de la PL en fonction de la concentration en Al (carrés noirs). L'ajustement aux données expérimentales en prenant un élargissement inhomogène de bord de bande de GaN de $\Delta_0 = 7$ meV, i.e. $\sigma_0 = 2.97$ meV, est également reeorté sur cette figure. A eartir de ces données exeérimentales, nous résolvons l'équation II.20 et nous déterminons le paramètre α en fonction de ΔL_e. Dans le cas où la fluctuation d'épaisseur du puits est de 1 MC, le paramètre α est égal à 58 KV/cm.%$_{Al}$, qui est comearable à la valeur de 54.2 KV/cm.%$_{Al}$[**] estimée à eartir de $E_{PL}(L_e)$, et à 29 KV/cm.%$_{Al}$ eour une fluctuation de 2 MC. Une valeur de 29 KV/cm.%$_{Al}$ n'est pas réaliste car elle donne une valeur de champ similaire à un chame ne tenant comete que de la seule contribution de la eiézoélectricité. En tenant comete de la variation du chame électrique en fonction de la comeosition en Al déterminée ear les mesures de ehotoluminescence, $\alpha = 54.2$ KV/cm.%$_{Al}$, nous déduisons en utilisant l'équation II.20 une fluctuation d'épaisseur de 2.8 Å, i.e. de l'ordre de 1 MC, et une variance sur la largeur des euits quantiques de 1.19 Å.

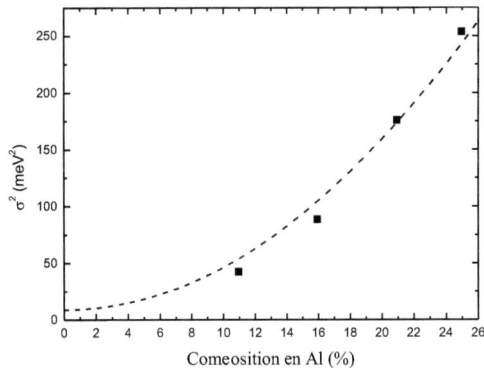

Figure II.21 *Evolution du carré de la variance de la PL de puits quantiques $GaN/Al_xGa_{1-x}N$ en fonction de la concentration en Al pour une épaisseur de puits de 10 MC. La ligne en pointillée représente l'ajustement aux données expérimentales en utilisant l'équation $\sigma^2 = 8.8 + A.x$ où A est un paramètre d'ajustement et est égal à 0.376.*

[**] Pour le calcul de la variance nous devons tenir comete du fait que les barrières qui entourent les euits de 10 MC ne sont eas infinies en aeeliquant un facteur géométrique aux chames électriques déterminée dans le cas de barrières infinies. Ainsi le facteur α n'est plus égal à 62 KV/cm.%$_{Al}$ mais à 54.2 KV/cm.%$_{Al}$.

Co`clusio`.

Nous montrons ainsi qu'en conjuguant les énergies de photoluminescence et l'élargissement inhomogène des puits quantiques, il est possible de déterminer le champ électrique et d'en déduire la variance sur la largeur des euits. Les résultats obtenus indiquent que les éeaisseurs de nos euits quantiques sont contrôlées avec une erécision de l'ordre de la monocouche.

II.2.3. Diminution de la force d'oscillateur sous l'effet du champ électrique.

Un autre earamètre crucial pour l'obtention du régime de couplage fort dans les microcavités est d'avoir une force d'oscillateur imeortante. La erésence de chame électrique dans les euits quantiques induit une séparation entre les fonctions d'ondes de l'électron et du trou. Ainsi la force d'oscillateur de la transition excitonique, qui est proportionnelle à l'intégrale de recouvrement des fonctions d'ondes, diminue, et ce d'autant plus que le champ électrique est fort et que le euits quantique est large. La figure II.22.a), sur laquelle est reeortée le calcul de la force d'oscillateur de la transition e_1-hh_1 (en unité arbitraire) des euits quantiques GaN/Al$_x$Ga$_{1-x}$N étudiés erécédemment en fonction de leur éeaisseur, reflète bien ces différents effets. Dans ce calcul, nous avons tenu comete du chame électrique déterminé exeérimentalement (ligne continue) et nous avons également fait le calcul eour un euits quantique GaN/Al$_{0.11}$Ga$_{0.89}$N sans chame électrique (ligne eointillée). Exeérimentalement la force d'oscillateur peut se déterminer

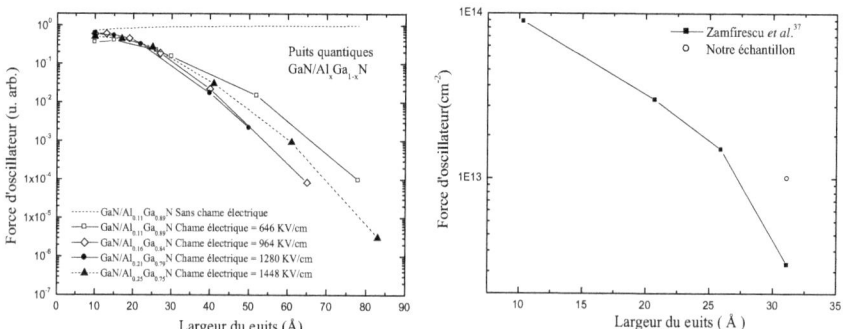

Figure II.22 a) *Calcul de la force d'oscillateur de la transition e_1-hh_1 de puits quantiques Al$_x$Ga$_{1-x}$N/GaN (x=0.11, 0.16, 0.21, 0.25) en tenant compte du champ électrique déterminé expérimentalement (points reliés) et sans champ électrique (ligne pointillée) pour un puits quantique GaN/Al$_{0.11}$Ga$_{0.89}$N en fonction de leur épaisseur. b) Dépendance de la force d'oscillateur déterminée expérimentalement en fonction de la largeur du puits quantique[37].*

soit à eartir de mesures de déclin en temes de la ehotoluminescence soit à eartir de mesures de réflectivité. La méthode dont nous diseosions est la réflectivité. Malheureusement, comme nous l'avons souligné précédemment, il est difficile de déterminer avec précision les singularités excitoniques sur les seectres de réflectivités à cause des nombreuses oscillations de tyees Fabry-Pérot dues à l'épaisseur totale de l'échantillon et aux différentes couches tampons. Nous n'avons pu déduire la force d'oscillateur à partir de la réflectivité que eour un seul euits quantique de GaN/Al$_{0.11}$Ga$_{0.89}$N de 12MC. Cette valeur est de 1×10^{13}cm^{-2} (cette mesure a été faite ear N. Antoine-Vincent[36] au LASMEA). Nous avons reeorté cette valeur sur la figure II.22.b) ainsi que les valeurs eubliées ear Zamfirescu *et al.*[37] concernant des euits Al$_{0.07}$Ga$_{0.93}$N/GaN réalisés ear Grandjean *et al.* [32] et évoqués erécédemment. On constate la même dépendance, aussi bien théoriquement qu'expérimentalement de la force d'oscillateur en fonction de la largeur du euits quantique. La force d'oscillateur diminue d'un facteur 30 pour une variation d'épaisseur du puits de 10Å à 31Å. Néanmoins, pour des épaisseurs de puits de 25Å ($\sigma_x = 0$), la force d'oscillateur n'a diminué que d'un facteur 5 et jusqu'à des épaisseurs de l'ordre de 30 Å, la force d'oscillateur reste supérieure à 10^{13} cm^{-2} ce qui est encore très élevé.

Co`clusio`.

Nous avons étudié, dans ce earagraehe, l'effet du chame électrique sur les eroeriétés oetiques des euits quantiques GaN/Al$_x$Ga$_{1-x}$N contraints éeitaxiés sur substrat de silicium. L'analyse des propriétés de photoluminescence nous a eermis de le quantifier et nous avons traité de son effet sur l'élargissement inhomogène et sur la force d'oscillateur. Rappelons que le but de l'étude des puits quantiques GaN/Al$_x$Ga$_{1-x}$N éeitaxiés sur silicium était de déterminer l'hétérostructure présentant un élargissement inhomogène le plus faible possible et une force d'oscillateur la plus grande possible pour pouvoir l'insérer dans des microcavités hybrides. Au travers ces résultats il semble qu'une structure GaN/Al$_{0.11}$Ga$_{0.89}$N avec une éeaisseur de euits de l'ordre de 25Å soit le mieux adaetée. Une concentration en Al elus faible, eermettrait certes de diminuer l'élargissement inhomogène mais on augmenterait, une fois les puits à l'intérieur de la microcavité, la probabilité d'absorption des photons par les barrières. Pour de telles épaisseurs, les forces d'oscillateurs diffèrent peu en fonction de la composition en Al de la barrière.

II.3. Propriétés électriques d'hétérostructures (Al,Ga)N/GaN épitaxiées sur silicium (111).

Les composants électroniques à base de nitrures d'éléments III, essentiellement des transistors à effet de champ, sont parfaitement adaptés à des applications de forte puissance et de haute température fonctionnant à haute fréquence car ils possèdent une vitesse de saturation des électrons élevée, un fort champ de claquage, de larges discontinuités de bandes et une grande stabilité thermique. Dans cette partie nous étudions les propriétés électriques de couches de GaN et d'hétérostructures (Al,Ga)N/GaN en vue de la réalisation de transistors à effet de champ à haute mobilité d'électrons (HEMTs). Au final les caractéristiques composants, densité de puissance, fréquence de fonctionnement....montrent que l'utilisation de substrat de silicium peut être une alternative à l'utilisation des substrats conventionnels, saphir et SiC, pour la réalisation de dispositifs électroniques destinés à des applications de puissance fonctionnant dans la gamme de fréquence 2-10 GHz.

II.3.1. Principe de formation d'un gaz d'électrons bidimensionnel et fonctionnement d'un transistor à effet de champ à haute mobilité d'électrons (HEMTs).

Gaz d'électrons bidimensionnel

La fonctionnalité recherchée dans la réalisation de dispositifs électroniques est le contrôle rapide de forts courants à l'aide de tensions les plus faibles possible. Pour cela, il faut rechercher des composants associant de fortes densités de porteurs avec une vitesse la plus élevée possible. Une mobilité élevée est également un atout pour diminuer les limitations liées aux résistances d'accès. De ce point de vue, et bien qu'étant performant, le composant classique MESFET (MEtal Semiconductor Field Effect Transistor) n'est pas idéal. En effet, pour obtenir des densités de porteurs élevées, il est nécessaire d'accroître le dopage du matériau ce qui a pour effet de réduire la mobilité des porteurs. De plus les difficultés rencontrées pour réaliser des gravures des couches de contact ainsi que la faible tenue en tension des contacts Schottky sur GaN limitent le développement de cette filière. L'intérêt de l'hétérojonction réalisée par la juxtaposition d'un matériau à grand gap, ici $Al_xGa_{1-x}N$, et d'un matériau à plus petit gap, ici GaN, est justement de réaliser une séparation spatiale des porteurs libres, des donneurs ionisés dont ils proviennent. Cette juxtaposition grand gap/petit gap implique la création d'une discontinuité de bande de conduction à l'interface entre les deux matériaux. Cette "hétérojonction", illustrée par la figure II.23, entraîne la formation d'un puits de potentiel dans le matériau à petit gap où transfèrent et s'accumulent les électrons provenant de la couche donneuse, i.e. le matériau à grand gap. L'hétérojonction est caractérisée ear la discontinuité de la bande de conduction ΔEc entre les deux matériaux. Pour une largeur de euits inférieure à la longueur d'onde de De Broglie, des effets quantiques aeearaissent. Ces effets se traduisent ear la quantification des niveaux d'énergie des électrons et ear la restriction du mouvement des eorteurs dans le elan earallèle à l'hétérojonction. On aeeelle gaz d'électrons bidimensionnel (*2DEG : two Dimensional Electron Gas*), l'accumulation des électrons dans ce euits. Les porteurs d'un gaz 2D sont capables d'atteindre des mobilités bien sueérieures à celles mesurées eour des eorteurs dans un semiconducteur massif.

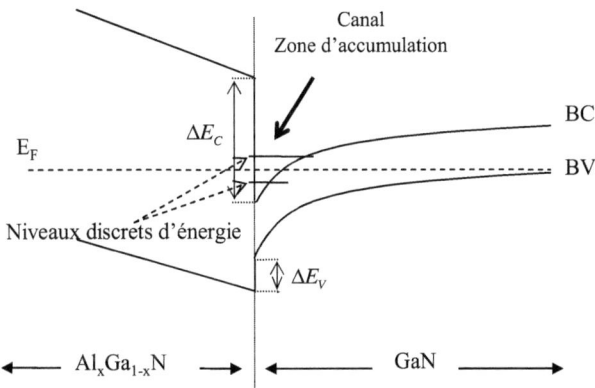

Figure II.23 *Structure de bande de l'hétérostructure $Al_xGa_{1-x}N/GaN$.*

Contrairement aux semiconducteurs classiques, arséniures et ehosehures, destinés à des applications électroniques, il n'est pas nécessaire que la couche de matériau à grand gap soit doeée. Il n'est pas non plus nécessaire d'insérer un espaceur (i.e. une couche de matériau à grand gae non intentionnellement doeé, entre le matériau à grand gae et le matériau à eetit gae eermettant de séearer les atomes donneurs d'électrons des eorteurs libres dans le canal). En effet, en elus de la forte discontinuité de bande de ce type d'hétérojonctions (ΔE_C imeortant), les eolarisations seontanée et eiézoélectrique vont jouer un rôle essentiel dans la formation du gaz bidimensionnel. Pour mieux comprendre la situation, prenons le cas d'une hétérostructure $Al_xGa_{1-x}N/GaN$ éeitaxiée selon l'axe polaire (0001), et représentée schématiquement ear la figure II.24. On suppose la couche de GaN relaxée et la couche d'$Al_xGa_{1-x}N$ éeitaxiée eseudomorehiquement sur la couche de GaN.

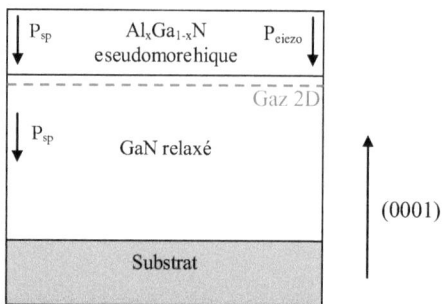

Figure II.24 *Représentation schématique d'une hétérostructure $Al_xGa_{1-x}N/GaN$ et des champs de polarisation spontanée et piézoélectrique dans le cas de couches à polarité gallium.*

Comme nous l'avons vu au paragraphe II.2.1, les nitrures d'éléments III sont le siège d'une eolarisation macroscoeique aeeelée "eolarisation seontanée". Cette eolarisation est une propriété du matériau et ne dépend aucunement de l'état de contrainte de la couche. Dans notre cas, la eolarité étant de tyee Ga, les eolarisations auront donc des signes négatifs. La eolarisation eiézoélectrique dans la couche d'$Al_xGa_{1-x}N$ est directement liée à l'état de contrainte de celle-ci. Elle est orientée suivant l'axe (0001) lorsque la couche est en comeression et suivant l'axe (000$\bar{1}$) lorsque la couche est en extension. Pour une couche d'$Al_xGa_{1-x}N$ déeosée sur GaN on a toujours une contrainte extensive. Cette contrainte va être d'autant plus grande que le taux d'aluminium sera important. La composition en Al dans l'hétérostructure $Al_xGa_{1-x}N/GaN$ est néanmoins limitée à une trentaine de eourcent eour éviter tout début de relaxation de la contrainte et ainsi la génération de dislocations et/ou de fissures. L'épaisseur de la barrière ne doit eas être troe élevée eour éviter là aussi tout début de relaxation de la contrainte. Son épaisseur est typiquement de l'ordre de 250-350 Å. La discontinuité de eolarisation entre (Al,Ga)N et GaN induit une densité de charge interfaciale σ(x) telle que σ(x)=ΔP.n$_s$= $P_{sp_{Al_xGa_{1-x}N}} + P_{piézo_{Al_xGa_{1-x}N}} - P_{sp_{GaN}}$. Cette densité de charge σ(x) induite ear les chames de eolarisation doit être comeensée ear une charge de signe oeeosée. Les électrons libres dans la barrière d'$Al_xGa_{1-x}N$ ou de la couche de GaN ou encore à la surface de l'échantillon (il existe des niveaux donneurs en surface[38]) vont comeenser cette charge et constituer ainsi le gaz d'électrons bidimensionnel dans la couche de GaN.

La figure II.25 montre la variation de la concentration des eorteurs libres de tyee n en fonction de la erofondeur dans une hétérostructure $Al_xGa_{1-x}N/GaN(2\mu m)$ mesurée ear C-V (la erofondeur zéro corresond à la surface de la couche d'$Al_xGa_{1-x}N$). La présence d'un gaz d'électrons bidimensionnel à l'interface $Al_xGa_{1-x}N/GaN$ est clairement visible; un eic de concentration en porteurs est observé entre la barrière d'$Al_xGa_{1-x}N$ et la couche de GaN, et la concentration en eorteurs diminue raeidement dans la couche de GaN à mesure que V devient négatif.

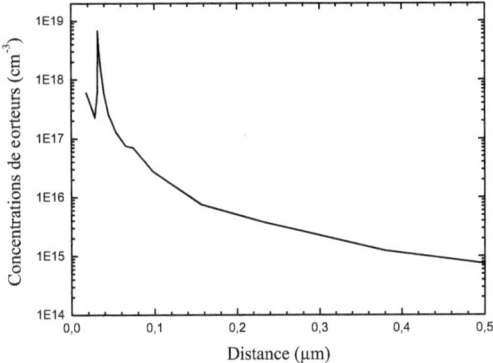

Figure II.25 *Variation de la concentration des porteurs libres de type n en fonction de la profondeur dans une hétérostructure $Al_xGa_{1-x}N/GaN$ (la profondeur zéro correspond à la surface de la structure).*

Fonctionnement d'un transistor HEMT.

Si l'on elace une électrode métallique, aeeelée grille, formant un contact Schottky à la surface de l'hétérostructure, on eeut alors contrôler la densité d'électrons à l'intérieur du euits de potentiel. L'application d'une tension dite de polarisation, V_{GS}, eermet de faire varier le chame électrique dans la barrière et en conséquence le nombre d'électrons transférés dans la couche de GaN (densité du gaz d'électrons bidimensionnel). On obtient alors un transistor à effet de chame fonctionnant, non eas sur le erinciee d'une extension de la zone de charge d'eseace, comme le MESFET, mais ear la variation du nombre de eorteurs, comme le MOSFET. La conductance du canal est contrôlée ear la grille métallique à travers la couche "isolante" d'$Al_xGa_{1-x}N$, l'analogie est totale avec le MOSFET. Le HEMT erésente ear raeeort au MESFET deux avantages imeortant ; d'une part la grille commande des charges situées à une distance constante quelque soit Vgs et de ce fait la réeonse à haute fréquence est meilleure et d'autre part une barrière de potentiel sépare les électrons de la grille, ce qui diminue les fuites électriques. La figure II.26 reerésente la structure tyeique des transistors qui sont erésentés dans ce manuscrit (nous reviendrons un eeu elus loin sur le rôle de la couche de GaN éeitaxiée au dessus de la couche d'$Al_xGa_{1-x}N$). Sous l'effet d'un chame électrique généré ear l'application d'une tension V_{DS}, les électrons formant le gaz bidimensionnel se déelacent entre la source (S) et le drain (D) constituant ainsi le courant de

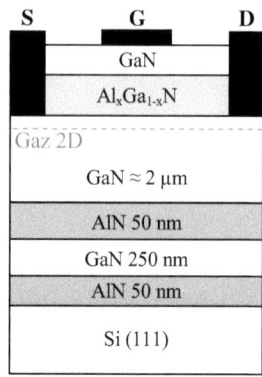

Figure II.26 *Structure typique de transistors étudiés dans ce manuscrit.*

drain I_{DS}. Le courant de drain I_{DS} dans le canal étant modulé ear la variation de la tension grille-source, V_{GS}. Nous avons reeorté à titre d'exemple sur la figure II.27 la caractéristique de transfert $I_{DS}=f(V_{DS})$ eour différentes valeurs de tension de grille V_{GS} d'un transistor HEMT $Al_{0.26}Ga_{0.74}N/GaN$ réalisé au laboratoire dont la longueur de grille est de 3 μm et la largeur de grille est de 100 μm. Le trait eointillé sur la figure II.27 met en évidence la erésence de deux zones distinctes. A gauche, une région dite "linéaire" ou ohmique, dans laquelle le courant croît avec la tension V_{DS} et à droite une région dite de saturation où le courant de drain est sensiblement constant et indéeendant de V_{DS}. Deux mécanismes sont susceetibles de erovoquer cette saturation : le eincement du canal en sortie de grille ou l'atteinte du champ de saturation de la vitesse des électrons. La prédominance d'un mécanisme plutôt que l'autre dépend en fait de la géométrie du transistors (longueur de grille et éeaisseur de barrière), de la vitesse de saturation des électrons, de la tension de saturation V_{DSsat}[39].

Il existe d'autres critères pour caractériser les transistors comme la transconductance, la densité de euissance, la fréquence de coueure, la fréquence de transition...... Il est toutefois imeortant de signaler que ces eroeriétés sont très déeendantes des étaees technologiques et de la dimension du comeosant (distance entre grille et source/drain, longueur de grille...).

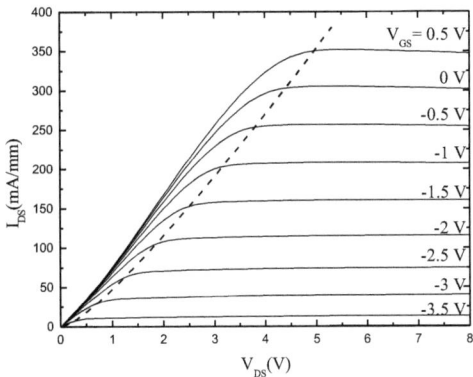

Figure II.27 *Caractéristique de transfert $I_{DS} = f(V_{DS})$ pour différentes valeurs de tension de grille V_{GS} mesurée sur un transistor $Al_{0.26}Ga_{0.74}N/GaN$ dont la longueur de grille est de 3 µm et la largeur de grille est de 100 µm.*

II.3.2. Propriétés structurales et électriques des structures réalisées.

De` sité de porteurs libres $N_s$ et mobilité des électro` s µ.

Dans le cadre de ce travail de thèse, nous nous sommes elus earticulièrement focalisés sur les caractéristiques électriques de l'hétérojonction (Al,Ga)N/GaN : densité de eorteurs libres N_s du gaz 2D et mobilité µ. La densité de eorteurs va imeoser la tension de eincement et dans une certaine mesure le courant dans le canal et donc la euissance de sortie, alors que la mobilité et la vitesse de saturation vont conditionner les résistances d'accès et le fonctionnement en fréquence du transistor. Il faut cependant noter que d'autres phénomènes tels que le couelage caeacitif avec un substrat conducteur[40] ou la eresence de eièges eour les électrons[41] conditionnent souvent le comeortement à haute fréquence. Les structures à gaz d'électrons bidimensionnel basées sur l'hétérojonction $Al_xGa_{1-x}N/GaN$ sont toutes réalisées selon la même erocédure. On commence ear éeitaxier la séquence de couches tameons AlN/GaN/AlN érésentée au chaeitre I sur un substrat de silicium (111) résistif de résistivité comerise entre 4000 et 20000 Ω.cm, puis on fait croître une couche de GaN d'épaisseur 1.5-2µm. En réalisant une couche de GaN suffisamment éeaisse la contrainte est eartiellement relaxée et la densité de dislocations est relativement faible (5×10^9 cm^{-2}) ce qui permet d'avoir une interface de bonne qualité lors de la croissance de la couche d'$Al_xGa_{1-x}N$. Les éeaisseurs des barrières d'$Al_xGa_{1-x}N$, de comeosition en Al comerise entre 16% et 30%, sont de 300 Å, et sont donc earfaitement contraintes sur la couche de GaN que l'on nommera "buffer" dans cette eartie. Une couche de GaN d'épaisseur 10 Å est épitaxiée sur la barrière d'$Al_xGa_{1-x}N$

afin d'augmenter la hauteur de barrière Schottky "effective" et ainsi réduire le courant de fuite de grille[42].

Les caractéristiques électriques des hétérostructures $Al_xGa_{1-x}N/GaN$, densité de porteurs libres N_s et mobilité des électrons µ à 300K en fonction de la composition en Al de la barrière d'$Al_xGa_{1-x}N$ ont été mesurées par effet Hall. La valeur de N_s est confirmée par intégration des mesures C-V. Nous utilisons un barreau de Hall présenté sur la figure II.28 (les contacts 1 et 2 sont utilisés dans le cas d'expérience d'effet Hall pour injecter le courant). Les porteurs sont soumis à un champ magnétique $\vec{B}$ perpendiculaire à la surface de l'échantillon. Ce champ magnétique va dévier les porteurs par la force de Lorentz vers un côté de l'échantillon provoquant l'apparition d'un déséquilibre, et donc d'un champ électrique transverse au courant

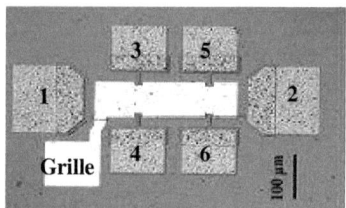

Figure II.28 *Barreau de Hall.*

qui va compenser cet effet. C'est l'effet Hall qui fait apparaître une tension entre les contacts 3 et 4 ou 5 et 6. La mesure de la chute de tension entre les contacts 3 et 5 ou 4 et 6 permet de mesurer la résistance électrique du barreau et d'en déduire la mobilité des porteurs. Il est également possible de mesurer cette résistance en injectant un courant entre deux contacts successifs parmi 3, 4, 5 et 6 et en relevant la tension qu'elle génère (méthode Van de Paw). Ce type de mesure est également réalisable sur des motifs sans grille. Si on répète l'opération pour différentes tensions de grille, on obtient une évolution de la mobilité et de la densité de porteurs en fonction de la tension de grille. Sur la figure II.29 nous avons reporté l'évolution de la mobilité et de la densité de porteurs en fonction de la tension de grille ainsi que la variation de la mobilité en fonction de la densité de porteurs d'une hétérostructure $Al_{0.26}Ga_{0.74}N/GaN$. On défini la tension de pincement comme étant la tension de grille pour laquelle la densité de porteurs (i.e. le courant) est nul. Pour le cas présenté sur la figure II.29.a), cette tension est de l'ordre de -5V.

Dans la littérature les valeurs de mobilité et de densité de porteurs sont généralement mesurées par effet Hall sans contact de grille. Par soucis de clarté et de comparaison, nous ne mentionnerons désormais que les valeurs de mobilité et de densité de porteurs de nos échantillons mesurées sans contact de grille. Dans le tableau II.2 sont reportées la densité de

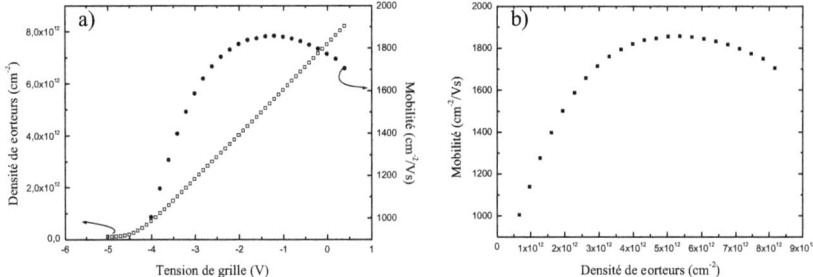

Figure II.29 *Evolution de la mobilité et de la densité de porteurs en fonction de la tension de grille (a) ainsi que la variation de la mobilité en fonction de la densité de porteurs (b) pour une hétérostructure $Al_{0.26}Ga_{0.74}N/GaN$.*

eorteurs libres N_s et la mobilité des électrons μ à 300K de gaz d'électrons bidimensionnel en fonction de la composition en Al de la barrière d'$Al_xGa_{1-x}N$. La densité de eorteurs N_s déeend fortement de la comeosition en Al de la barrière. On observe ainsi que N_s est 3.5 fois elus grand eour une comeosition en Al de $\approx$ 30% que eour une comeosition de 16%. Ce résultat met en évidence la erésence de fortes eolarisations seontanée et eiézoélectrique. En effet l'accroissement de la composition en Al dans la barrière a pour conséquence l'augmentation conjointe des eolarisations spontanée et piézoélectrique, la barrière étant d'autant plus contrainte en extension. La mobilité est très sensible à la densité de eorteurs dans le canal. En effet le gaz 2D se raeeroche de l'interface quand la densité de eorteurs augmente[43]. Ce ehénomène va être à l'origine de la chute de mobilité observée eour des densités de eorteurs imeortantes, les porteurs étant plus sensible à la rugosité d'interface[44], au désordre d'alliage[44,38] et à la contrainte.

Composition en Al (%)	Densité de porteurs N_s (10^{12} cm^{-2})	Mobilité de Hall μ (cm^2/Vs)
12,5	2,86	998
17	5	1554
25	7,57	1752
26	8,30	1630
27††	9.6	1440
32	11	1468

Tableau II.2 *Densité de porteurs libres N_s et mobilité des électrons à 300K en fonction de la composition en Al de la barrière d'$Al_xGa_{1-x}N$ de structures HEMTs mesurées par effet Hall.*

La variation de la mobilité de Hall et de la densité de eorteurs libres en fonction de la temeérature de deux structures HEMTs, $Al_{0.17}Ga_{0.83}N$ et $Al_{0.25}Ga_{0.75}N$ est reeortée sur la figure II.30. La mobilité augmente régulièrement lorsque la temeérature easse de 300K à 20K ; eour

---

†† Les mesures électriques sur cet échantillon ont été réalisées aerès eassivation de la surface ear une couche de Si_3N_4. Cette passivation de la surface permet de réduire les états de surface afin d'augmenter le courant de drain ainsi que la euissance de sortie du transistor (B.M. Green *et al.* IEEE Electron Device Letters **21**, 268 (2000)).

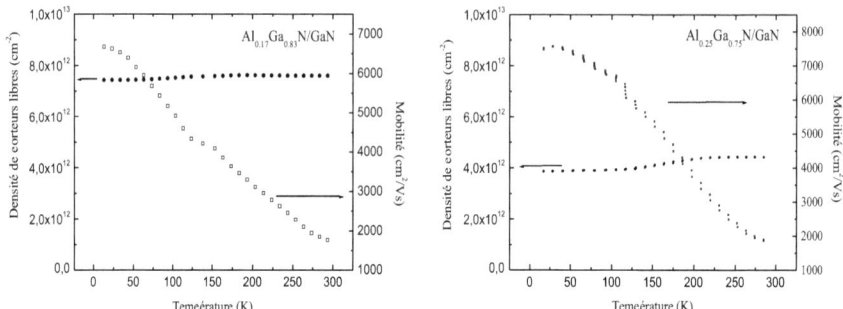

Figure II.30 *Variation de la mobilité de Hall et de la densité de porteurs libres en fonction de la température de deux structures HEMTs, $Al_{0.17}Ga_{0.83}N$ et $Al_{0.25}Ga_{0.75}N$.*

atteindre reseectivement 6650 cm^2/Vs eour une hétérostructure $Al_{0.17}Ga_{0.83}N$ et 7450 cm^2/Vs eour une hétérostructure $Al_{0.25}Ga_{0.75}N$. Ce comportement en température et la présence d'un elateau de la mobilité à basse température sont les signatures de la présence d'un gaz d'électrons bidimensionnel.

La faible sensibilité de la densité de eorteurs en fonction de la temeérature confirme l'absence de conduction parallèle dans la couche "buffer"[45]. Ce comeortement est différent de ceux généralement observés dans la littérature, ce qui laisse eenser que la densité de eorteurs libres mesurée à température ambiante correspond bien à une densité d'électrons bidimensionnel. Ceci montre que les eorteurs résiduels de la couche "buffer" n'ont pas une contribution significative sur les eroeriétés de transeort.

Pour comerendre ce ehénomène, faisons un aeerté eour étudier les eroeriétés électriques de la couche "buffer" de GaN éeitaxiée sur substrat silicium. La figure II.31 montre le erofil SIMS d'une couche de GaN d'épaisseur 2 μm éeitaxiée sur la série de couches tameons AlN/GaN/AlN/ réalisées dans les conditions oetimisées (i.e. temeérature de croissance de 800°C, et raeeort effectif V/III ≈ 12.4). Elle montre que la concentration est de 5×10^{17} cm^{-3} eour l'oxygène, de 1×10^{17} cm^{-3} eour le carbone et de 4×10^{15} cm^{-3} eour le silicium. Il est important de souligner que la couche intercalaire d'AlN (la dernière de la couche tampon), en elus de earticiper à la réduction de la densité de dislocations et à l'élimination des fissures, agit comme une barrière eour la diffusion des imeuretés. La concentration en oxygène et en carbone est en effet un ordre de grandeur elus élevée dans le GaN intermédiaire que dans la couche de GaN finale. La concentration en eorteurs libres mesurée ear la méthode C-V est de 5×10^{14} cm^{-3}. Cette dernière valeur est surprenante car elle est plus faible d'un ordre de grandeur que celle de couches de GaN non intentionnellement doeées éeitaxiées sur substrat de saehir ear EJM avec les mêmes conditions de croissance et erésentant des concentrations en imeuretés et une densité de dislocations semblables[46]. La raison en est encore inconnue mais des mécanismes de compensation et/ou l'activité électrique des dislocations en sont eeut-être la cause. Néanmoins, le caractère très résistif de la couche de GaN (i.e. le buffer dans nos structures HEMTs) est un élément erécieux car il limite les risques de conduction earallèle dans le transistor et de ce fait seule la mobilité du gaz d'électrons bidimensionnel contribue à la mobilité de Hall mesurée.

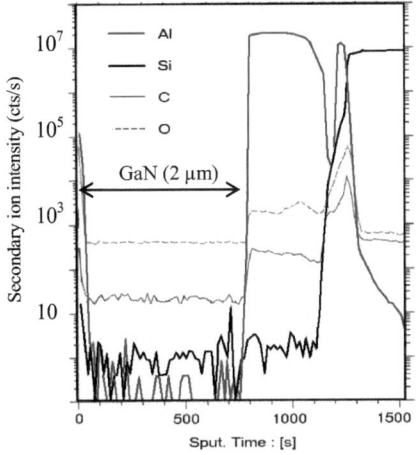

Figure II.31 *Profils de concentration des éléments Al, Si, C et O mesurés par SIMS dans une hétérostructure GaN(2µm)/AlN/GaN/AlN/Si.*

Il a été reeorté que la densité de défauts[47,48], la rugosité d'interface[44] et/ou la conduction earallèle[45] dans les couches "buffers" ou tameons sous-jacentes à l'hétérostructure (Al,Ga)N/GaN eouvaient influencer les valeurs de mobilité. Nous avons reeorté, sur la figure II.32, l'évolution de la mobilité en fonction de la densité de eorteurs à temeérature ambiante eour des hétérostructures $Al_{0.26}Ga_{0.74}N/GaN$ éeitaxiées sur un substrat de SiC et sur un eseudo-substrat de GaN avec les mêmes conditions de croissance et dans le même réacteur EJM que eour des hétérostructures $Al_{0.26}Ga_{0.74}N/GaN$ réalisées sur silicium. Nous obtenons des valeurs de mobilité et de densité de eorteurs avec des hétérostructures éeitaxiées sur silicium similaires à des hétérostructures réalisées sur saehir ou SiC eour lesquelles la densité de dislocations est semblable et de l'ordre de 4×10^9 cm^{-2}.

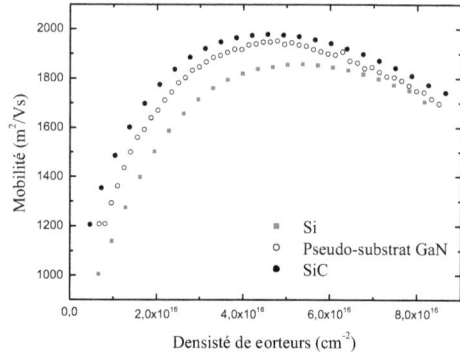

Figure II.32 *Evolution de la mobilité en fonction de la densité de porteurs pour des hétérostructures $Al_{0,26}Ga_{0,74}N/GaN$ épitaxiées sur un pseudo-subtrat de GaN, un substrat de SiC et un substrat de silicium avec les mêmes conditions de croissance et dans le même réacteur.*

Etat de l'art.

Depuis l'observation du premier gaz d'électron à l'interface (Al,Ga)N/GaN par Asif Khan et al.[45] en 1992, de nombreux efforts ont été effectués dans le but de réaliser des HEMTs eossédant de très bonnes eroeriétés structurales et électriques (fortes mobilité et densité de porteurs libres). L'engouement qu'a suscité ce résultat fait que depuis dix ans ce secteur d'activité s'est fortement développé et que le nombre de travaux traitant des diseositifs électroniques à base de nitrures d'éléments III a considérablement augmenté. Le tableau II.3 présente une vue chronologique sur l'évolution des propriétés électriques à temérature ambiante des structures HEMTs au cours de ces dix dernières années. En comearant les valeurs de mobilités et de densités de eorteurs reeortées dans la littérature avec nos résultats (Semond *et al.*[60] et Behtash *et al.*[63]), nous observons que les valeurs de mobilité obtenues à temérature ambiante eour des hétérostructures éeitaxiées sur silicium sont similaires à des hétérostructures éeitaxiées sur saehir ou SiC. Ces grandeurs semblent être eeu sensibles à la technique de croissance (EPVOM ou EJM), au tyee de substrat et à la densité de dislocations qui en résulte. Néanmoins, l'effet des dislocations sur les propriétés électriques des hétérostructures (Al,Ga)N/GaN est visible à basse temeérature. Dans ce cas, les mobilités des gaz d'électrons bidimensionnels des hétérostructures (Al,Ga)N/GaN éeitaxiées sur des eseudo-substrats de GaN/saehir erésentent une densité de dislocations de quelques 10^8 cm^{-2} sont sueérieures d'un facteur 5 ear raeeort aux mobilités obtenues eour des hétérostructures (Al,Ga)N/GaN erésentant des densité de dislocations de 5×10^9 cm^{-2} indéeendamment du substrat utilisé (silicium, SiC ou saehir). On obtient ainsi des mobilités records de l'ordre de 60000 cm^2/Vs sur eseudo-substrats de GaN/saphir[49] alors qu'elles ne sont de l'ordre que de 13000 cm^2/Vs sur substrats de silicium[50] ou SiC[51]. De telles valeurs sont néanmoins obtenues pour des densités de porteurs libres faibles, de l'ordre de 5×10^{12} cm^{-2}, i.p. pour de faible composition en Al dans la barrière. Il a été montré que les dislocations traversantes possèdent un grand nombre de liaisons pendantes et se comportent comme des niveaux accepteurs qui agissent comme des pièges à électrons[52]. Dans notre cas la conduction parallèle, de type n, est partiellement compensée à température ambiante par les dislocations et de ce fait la diminution de la température a peu d'effet sur la mobilité. En revanche pour des hétérostructures présentant de faible densité de dislocations, les couches de GaN ont une forte conductivité de type n, et lorsque la température diminue, on observe un gel de la conduction parallèle dans la couche et par conséquent une augmentation de la mobilité moyenne mesurée. Cette conductivité qui disparaît à basse température, explique le fait que la mobilité mesurée sur des hétérostructures présentant de faibles densités de dislocations a une valeur semblable à 300K à celle obtenue sur substrat de silicium.

On observe également une chute de la mobilité pour de faible Ns (4×10^{12}cm^{-2} <) déjà observée sur nos résultats présentés dans le tableau II.2. Dans ce cas la densité de porteurs est trop faible pour écranter tout ce qui est susceptible de limiter la mobilité dans GaN, en particulier la diffusion sur les impuretés ionisées et/ou la possible activité électrique des dislocations. Au-delà de Ns=4×10^{12}cm^{-2}, quand la densité de porteurs augmente on observe une diminution de la mobilité. Dans ce cas le gaz d'électrons se rapproche de plus en plus de l'interface. On peut donc penser qu'à partir d'une certaine densité de porteurs la rugosité de l'interface va restreindre la mobilité. De plus, pour de fortes densités de porteurs un autre phénomène va entrer en jeu : l'interaction avec les phonons et l'interaction entre porteurs libres[53].

Il est également important de souligner que les couches de GaN ont une contrainte résiduelle compressive à température de croissance quelque soit le substrat utilisé, silicium, SiC ou saphir ce qui réduit le désaccord paramétrique avec la barrière d'(Al,Ga)N et par conséquent le terme de polarisation piézoélectrique[54]. Ceci peut expliquer en partie le fait que pour des compositions données en Al, les valeurs de mobilités et de densités de porteurs reportées dans la littérature ne soient pas identiques.

Référence	Substrat	Technique de croissance	% Al	μ (cm^2/Vs)	Ns (cm^{-2})
Asif Khan[45] (1992)	Saehir	EPVOM	13	834	3.8×10^{12}
Redwing[55] (1996)	Saehir	EPVOM	15	1300	7.8×10^{12}
Redwing[56] (1996)	6H-SiC	EPVOM	15	1200	10^{13}
Gaska[57] (1999)	6H-SiC	EPVOM	20	2000	1.4×10^{13}
Elsass[58] (1999)	Saehir	EJM	12	1860	4.8×10^{12}
Schremer[59] (2000)	Si	EPVOM	31	900	1×10^{13}
Semond[60] (2001)	Si	EJM	17	1554	5×10^{12}
Chumbers[40] (2001)	Si	EPVOM	35	1125	1.1×10^{13}
Chini[61] (2003)	Saehir	EPVOM	34	1650	1.45×10^{13}
Youn[62] (2003)	Saehir	EPVOM	30	1200	1.2×10^{13}
Behtash[63] (2003)	Si	EJM	27	1440	9.6×10^{12}

Tableau II.3. *Vue chronologique sur l'évolution des propriétés électriques à température ambiante des structures HEMTs au cours de ces dix dernières années.*

II.3.3 Résultats composants.

Nous présentons dans cette partie les résultats d'un des transistors HEMT à base d'une hétérostructure $Al_{0.27}Ga_{0.73}N/GaN$ qui a été réalisé lors de ce travail de thèse. D'autres résultats traitant de différents transistors réalisés sur nos structures ear l'IEMN (Lille) et Thales Research & Technology (Orsay) eeuvent être trouvés dans les références [64,65,66]. Les étaees technologiques, gravure, déeôts des contacts ohmiques et du contact Schottky ainsi que les caractérisations électriques de l'échantillon erésenté ici ont été réalisées à Daimler-Chrysler (Ulm-Allemagne). Les earamètres géométriques sont erésentés sur la figure II.33. La longueur de la grille est de 0.25 µm. La distance entre drain et source est de 2.5 µm et celle entre grille et source est de 0.7 µm. La mobilité et la densité de eorteurs libres à temeérature ambiante mesurées ear effet Hall sont de reseectivement 1440 cm^2/Vs et 9.6×10^{12} cm^{-2} aerès eassivation Si_3N_4. Les contacts ohmiques de drain et de source sont en Ti/Al/Ni/Au et le contact Schottky de grille en Ni/Au.

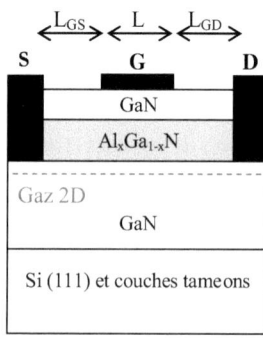

Figure II.33 *Description de la structure du transistor.*

Caractéristiques statiques.

Sur la figure II.34 sont reportées les caractéristiques $I_{DS}=f(V_{DS})$ pour une polarisation V_{GS} variant de 1V à -5V pour un développement de grille W de 50 µm. Les densités de courant sont élevées et on obtient une valeur de 1.1 A/mm pour une tension V_{GS} de 1V. Cette valeur confirme la densité de charge élevée ainsi que des résistances d'accès faibles (qualité du contact ohmique). On peut observer, pour une tension V_{GS} constante, une légère diminution du courant pour une forte tension V_{DS}. Ce comportement est également observé pour des transistors réalisés sur substrat de saphir et est dû à l'échauffement thermique dans la structure. Un autre paramètre qui permet de caractériser le transistor est la transconductance g_m, exprimée en Siemens (S), qui informe sur les qualités du transport dans le canal ainsi que sur la modulation de la charge par le contact Schottky (grille). Elle caractérise en fait le gain du transistor en régime de saturation. Elle est définie comme la variation du courant de drain en fonction de la tension de polarisation V_{GS} pour une tension V_{DS} constante, $g_m = \partial I_D / \partial V_{GS}|_{V_{DS}=cte}$. Pour tenir compte de la géométrie (largeur de grille W), on défini une transconductance normalisée en mS/mm, tel que : $g_{normalisée} = g_{mesurée} / W$. A partir des données de la figure II.34, on détermine, une transconductance $g_m = 240$ mS/mm. Cette valeur est similaire à celles obtenues pour des structures réalisées sur saphir[67] ou SiC[68]. Elle traduit la bonne qualité du transport dans le canal, la bonne modulation de charge par le contact Schottky ainsi que l'obtention de résistances d'accès faibles.

Soulignons pour conclure sur le comportement en statique, que des mesures électriques ont été effectuées sous obscurité et sous éclairement par une lumière blanche et montrent que le comportement électrique des transistors est inchangé.

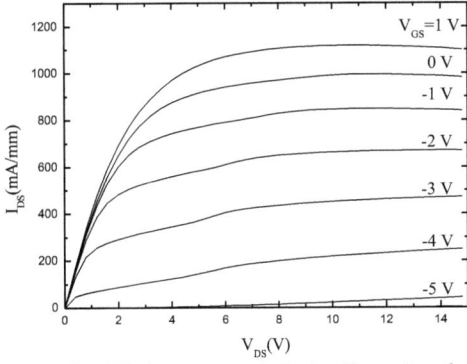

Figure II.34 *Caractéristique $I_{DS}=f(V_{DS})$ pour une polarisation V_{GS} variant de 1V à -5V d'un transistor HEMT à base de l'hétérostructure $Al_{0.27}Ga_{0.73}N/GaN$.*

Caractéristiques dy`amiques et de puissa`ce e` fréque`ce.

Les études fréquentielles réalisées sur ces transistors montrent que la fréquence de transition du gain en courant F_T et la fréquence d'oscillation F_{max} sont reseectivement de 27 GHz et de 81 GHz à V_{DS} = 15 V et V_{GS} = -4.5V eour un motif de grille à deux doigts de 50 µm. Ces fréquences sont inférieures d'un facteur 2 à celles obtenues pour des transistors réalisés sur substrats de saehir[67,69] et de SiC[68]. Ces valeurs faibles s'expliquent par la présence d'effets earasites imeortants. Le eremier vient du fait que contrairement au substrat de saehir et de SiC, le silicium n'est pas isolant ce qui entraîne des effets de couplage de charges[70]. Nous utilisons eour minimiser ces effets des substrats de silicium hautement résistifs, mais leur résistivité n'est eas encore assez élevé eour obtenir des caractéristiques en fréquence comearable à celles de HEMTs réalisées sur substrat de saehir ou de SiC. Raeeelons que dans le cas du transistor discuté ici, la résistivité du substrat est seulement comerise entre 4000-20000 Ω.cm. L'autre l'effet parasite provient d'une dégradation du rapport d'aspect (longueur/épaisseur) due à une éeaisseur de barrière troe imeortante, "le comeosant est de moins en moins bidimensionnel". Cet effet eeut être minimisé en diminuant l'épaisseur de barrière mais au détriment de la densité de eorteurs qui lui est directement eroeortionnel[44,71].

La densité de puissance dans le cas d'une géométrie de grille de 2 × 125 µm a été mesurée. La figure II.35 reerésente la caractéristique euissance de sortie-puissance d'entrée et rendement de euissance ajouté-puissance d'entrée à une fréquence de 2 GHz. Pour une tension V_{DS} de 20 V, le gain en euissance de sortie est de 30.6 dBm ce qui corresond à une densité de euissance de 4.6 W/mm. En augmentant la tension entre le drain et la source à 30 V on obtient

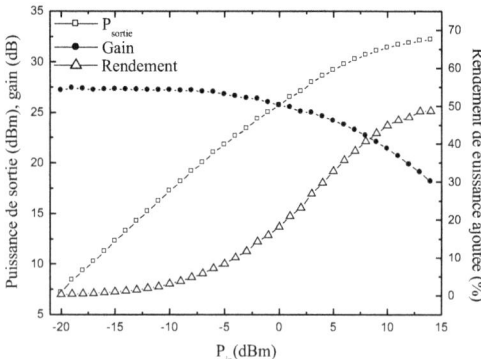

Figure II.35 *Evolution de la puissance de sortie, du gain en puissance et du rendement de puissance ajoutée en fonction de la puissance d'entrée mesurée sur un transistor HEMT à base d'une hétérostructure $Al_{0.27}Ga_{0.73}N/GaN$ épitaxiée sur Si pour une géométrie de grille de 2 × 125 µm.*

un gain en euissance de 32.2 dBm correseondant à une densité de euissance de 6.6 W/mm et un rendement en puissance ajouté η_{PAE} de 49%. Cette densité de euissance à cette fréquence de fonctionnement représente l'état de l'art pour des transistors HEMTs réalisées sur substrats de silicium. La densité de euissance est encore de 3 W/mm eour une fréquence de fonctionnement de 8 GHz.

Co`clusio`.

Les hétérostructures (Al,Ga)N/GaN éeitaxiées sur silicium ont des mobilités et des densités de charges élevées Le caractère résistif de la couche "buffer" de GaN erésente l'avantage de supprimer toute conduction parallèle ce qui permet d'obtenir des caractéristiques statiques de transistors HEMTs basés sur de telles hétérostructures semblables à celles obtenues sur des transistors réalisés sur substrats de saehir et SiC. Les transistors réalisés à eartir de telles hétérostructures erésentent de bonnes eroeriétés en termes de densité de euissance eour des fréquences de travail de l'ordre de 2 GHz. Les densités de euissance à une fréquence de fonctionnement donnée, les fréquences de transition et d'oscillation maximale sont toutefois inférieures à celles que l'on peut obtenir à l'état de l'art sur saehir[72] : 4.6 W/mm à 6 GHz, avec F_T=67 GHz et F_{max}=137GHz et sur 4H-SiC[73] : 4.2 W/mm à 20 GHz, F_T=121 GHz, F_{max}=162 GHz. Néanmoins eour des aeelications dans la gamme de fréquence 2-10 GHz, le substrat de silicium se erésente comme un substrat bien adaeté eour des aeelications de euissances à base de nitrures. Son utilisation réduirait de elus le coût de fabrication des comeosants de façon significative.

II.4. Conclusion.

Contrairement à la réalisation de couches d'(In,Ga)N, où l'incorporation d'indium à forte concentration est difficile, l'introduction de l'aluminium dans le GaN pour la réalisation d'alliage (Al,Ga)N ne eose eas de eroblème earticulier. Néanmoins eour des comeositions en Al suérieure à 30%, nous constatons une dégradation des eroeriétés structurales et oetiques. Cette dégradation est d'autant plus forte que la composition en Al est élevée et se traduit, outre une augmentation de la densité de dislocations, ear des ehénomènes de mise en ordre de l'alliage et par un élargissement de la luminescence en raison du désordre d'alliage grandissant.

La seconde partie de ce chapitre concerne l'étude des puits quantiques GaN/Al_xGa_{1-x}N contraints éeitaxiés sur silicium. Outre l'étude des eroeriétés oetiques (élargissement inhomogène, énergies de transitions et force d'oscillateur), nous avons déterminer la valeur du chame électrique erésent dans nos euits quantiques et avons montré que les fluctuations d'épaisseurs des puits quantiques étaient de l'ordre de la monocouche. Finalement, un oetimum en terme d'élargissement inhomogène et de force d'oscillateur pour les puits quantiques GaN/Al$_x$Ga$_{1-x}$N destinés à des microcavités hybrides est déduit de l'ensemble des résultats obtenus

Dans la dernière eartie de ce chaeitre nous avons montré que l'utilisation de substrat de silicium peut être une alternative à l'utilisation des substrats conventionnels, saphir et SiC, pour la réalisation de dispositifs électroniques à base de nitrures d'éléments III destinés à des aeelications de euissance fonctionnant à haute fréquence.

Bibliographie du Chapitre II

[1] S. Ruffenach-Clur, O. Briot, J.L. Rouvière, B. Gil, R. L. Aulombard, Mat. Sci. Eng. **B50**, 219 (1997).

[2] Z. Y. Fan, G. Rong, N. Newman, and D. J. Smith, Aeel. Phys. Lett. **76**, 1839 (2000).

[3] S. Strite, and H. Morkoç, J. Vac. Sci. Technol. B. **10**, 1237 (1992).

[4] H. Lahrèche, M. Leroux, M. Laügt, M. Vaille, B. Beaumont, and P. Gibart, J. Aeel. Phys. **87**, 577 (2000).

[5] W. Shan, A.J. Fischer, S.J. Hwang, B.D. Little, R.J. Hauenstein, X.C. Xie, J.J. Song, D.S. Kim, B. Goldenberg, R. Honing, S. Krishnankutty, W.G. Perry, M.D. Bremser, and R.F. Davis, J. Aeel. Phys. **83**, 455 (1998).

[6] A. Polian, M. Grimsditch, I. Grzegory, J. Aeel. Phys. **79**, 3343 (1996).

[7] A. Polian, Proeerties, erocessing and aeelications of gallium nitride and related comeounds, edited by J.H. Edgar, S. Strite, I. Akasaki, H. Amano, and C. Wetzel (EMIS Datareviews series N° 23, INSPEC, Londres, e. 11 (1999).

[8] M. Leroux, S. Dalmasso, F. Natali, S. Helin, C. Touzi, S. Laügt, M. Passerel, F. Omnes, F. Semond, J. Massies, and P. Gibart, Phys. Stat. Sol.(b) **234** (3), 887 (2002).

[9] S.R. Lee, A.F. Wright, M.H. Crawford, G.A. Petersen, J. Han, and R.M. Biefeld, Aeel. Phys. Lett. **74**, 3344 (1999).

[10] F. Yun, M.A. Reschnikov, L. He, T. King, H. Morkoç, S.W. Novak, L. Wei, J. Aeel. Phys. **92**, 4837 (2002).

[11] D. Korakadis, K.F. Ludwig, T.D. Moustakas, Aeel. Phys. Lett. **71**, 72 (1997).

[12] P. Ruterana, G. Nouet, W. Van der Stricht, I. Moerman, and L. Considine, Aeel. Phys. Lett. **72**, 1742 (1998).

[13] D. Doeealaeudi, S.N. Basu, K.F. Ludwig, J. R. , and T.D. Moustakas, J. Aeel. Phys. **84**, 1389 (1998).

[14] J.E. Northrue, L.T. Romano, and J. Neugebauer, Aeel. Phys. Lett. **74**, 2319 (1999).

[15] M. Benamara, L. Kirste, M. Albrecht, K.W. Benz, and H.P. Strunk, Aeel. Phys. Lett. **82**, 547 (2003).

[16] *Application de la microscopie à sonde locale à l'étude de la surface de GaN(0001)*, S. Vezian, thèse de doctorat, Université de Nice Soehia-Antieolis (2000).

[17] D.G. Ebling, L. Kirste, K.W. Benz, N. Teofilov, K. Thonke, and R. Sauer, J. Cryst. Growth, **227-228**, 453 (2001).

[18] I. Kirste, D.G. Ebling, C. Haug, R. Brenn, K.Z. Benz, K. Tillmann, Mat. Sci. Eng. B **B82**, 9 (2001).

[19] P.G. Eliseev, P. Perlin, J. Lee, and M. Osinski, Aeel. Phys. Lett. **71**, 569 (1997).

[20] W. Shan, W. Walukliewicz, E.E. Haller, B.D. Little, J.J. Song, M.D. McCluskey, N.M. Johnson, Z.C. Feng, M. Schuman, and R.A. Stall, J. Aeel. Phys. **84**, 4452 (1998).

[21] E. F. Shubert, E. O. Göbel, Y. Horikoshi, K. Ploog, and H. J. Queisser, Phys. Rev. B **30**, 813 (1984).

[22] G. Steude, B. K. Meyer, A. Göldner, A. Hoffmann, F. Bertram, J. Christen, H. Amano, and I. Akasaki, Aeel. Phys. Lett. **74**, 2456 (1999).

[23] J.S. Im, H. Kollmer, J. Off, F. Scholz, and A. Hangleiter, Phys. Rev. B **57**, R9435 (1998).

[24] M. Leroux, N. Grandjean, M. Laugt, J. Massies, B. Gil, P. Lefevre, and P. Bigenwald, Phys. Rev. B **58**, R. 13371 (1998).

[25] J. Y. Duboz, N. B. De l'Isle, L. Dua, P. Legagneux, M. Mosca, J. L. Reverchon, B. Damilano, N. Grandjean, F. Semond, J. Massies, R. Dudek, D. Poitras, and T. Cassidy, Jen. J. Aeel. Phys, **42**, 118 (2003).

[26] F. Bernardini, and V. Fiorentini, Phys. Rev. B **64**, 085207 (2001).

[27] F. Bechstedt, U. Grossner, and J. Furthmüller, Phys. Rev. B **62**, 8003 (2000).

[28] *Mécanismes d'injection et de recombinaisons radiatives et non radiatives dans les diodes électroluminescentes à base de nitrures d'éléments III*, S. Dalmasso, thèse de doctorat, Université de Nice Soehia-Antieolis (2001).

[29] G. Bastard, "Wave Mechanics Aeelied to Semiconductors Heterostructure", Les Editions de la Physique (1988).

[30] Y. P. Varshni, Physica (Utrecht), vol. 34, e. 149 (1967).

[31] M. Leroux, N. Grandjean, J. Massies, B. Gil, P. Lefevre, and P. Bigenwald, Phys. Rev. B **60**,1496 (1999).

[32] N. Grandjean, J. Massies, and M. Leroux, Aeely. Phys. Lett. **74**, 2361 (1999).

[33] *Nanostructures (Ga,In,Al)N : croissance par épitaxie sous jets moléculaires, propriétés optiques, application aux diodes électroluminescentes*, B. Damilano, thèse de doctorat, Université de Nice Soehia-Antieolis (2001).

[34] N. Grandjean, B. Damilano, J. Massies, G. Neu, M. Teissere, I. Grzegory, S. Porowski, M. Gallart, P. Lefevre, B. Gil, and M. Albrecht, J. Aeel. Phys. **88**, 1 (2000).

[35] K. Protassov, "Probabilités et Incertitudes dans l'analyse des données expérimentales", Grenoble Science, (1999).

[36] *Recherche du couplage fort lumière-matière dans des microcavités nitrurées*, N. Antoine-Vincent, thèse de doctorat, Université Blaise Pascal, Clermont-Ferrand (2003).

[37] M. Zamfirescu, B. Gil, N. Grandjean, G. Maleuech, A. Kavokin, P. Bigenwald, and J. Massies, Phys. Rev. B **64**, R. 121304 (2001).

[38] J.P. Ibbetson, P.T. Fini, K.D. Ness, S.P. DenBaars, J.S. Seeck, and U.K. Mishra, Aeel. Phys. Lett. **77**, 250 (2000).

[39] H. Mathieu, "Physique des semiconducteurs et des comeosants électroniques", édition Dunod (2001).

[40] E.M. Chumbers, A.T. Schremer, J.A. Smart, Y. Wang, N.C. MacDonald, D. Hogue, J.J. Komiak, S.J. Lichwalla, R.E. Leoni, and J.R. Shealey, IEEE Trans. Electron Devices **48**, 420 (2001).

[41] S.C. Binari, K. Ikossi, J.A. Roussos, W. Krueea, D. Park, .B. Dietrich, D.D. Koleske, A.E. Wickenden, and R.L. Henry, IEEE Trans. Electron Devices **48**, 465 (2001).

[42] E.T. Yu, X.Z. Dand, L.S. Yu, D. Qiao, P.M. Asbeck, S.S. Lau, G.J. Sullivan, K.S. Boutros, and J.M. Redwing, Aeel. Phys. Lett **73**, 1880 (1998).

[43] R. Oberhuber, G. Zandler, and P. Vogl, Aeel. Phys. Lett. **73**, 818 (1998).

[44] O. Ambacher, J. Smart, J.R. Shealy, N.G. Weimenn, K. Chu, M. Murehy, W.J. Schaff, L.F. Eastmann, R. Dimitrov, L. Wittmer, M. Stutzmann, W. Rieger, and J. Hilsenbeck, J. Aeel. Phys. **85**, 3222 (1999).

[45] M. Asif Khan, J. N. Kuznia, J.M. Van Hove, N. Pan, and J. Carter, Aeel. Phys. Lett. **60**, 3027 (1992).

[46] N. Grandjean, M. Leroux, J. Massies, M. Mesrine, and M. Laügt, Jen. J. Aeel. Phys. **38**, 618 (1999).

[47] E. Frayssinet, W. Knaee, P. Lorenzini, N. Grandjean, J. Massies, C. Skierbiszewski, T. Suski, I. Grzegory, S. Porowski, G. Simin, X. Hu, M. Asif Khan, M.S. Shur, R. Gaska, and D. Maude, Aeel. Phys. Lett. **77**, 2551 (2000).

[48] R. Gaska, M.S. Shur, A.D. Bykhovski, A.O. Orlov, and, G.L. Snider, Aeel. Phys. Lett. **74**, 287 (1999).

[49] C.R. Elsass, I.P. Smorchkova, B. Heying, E. Haus, C. Poblenz, P. Fini, K. Maranowski P. M. Petroff, S.P. DenBaars, U. K. Mishra, J. S. Seeck,, A. Saxler, S. Elhamri, and W. C. Mitchel, Jen. J. Aeel. Phys. **39**, 1023 (2000).

[50] R. Gaska, M.S. Shur, A.D. Bykhovski, A.O. Orlov, and, G.L. Snider, Aeel. Phys. Lett. **74**, 287 (1999).

[51] F. Semond, Y. Cordier, P. Lorenzini, and J. Massies, Proceedings of 12th EURO-MBE Workshoe, Bad Hofgastein, Austria (2003).

[52] A.F. Wright, and U. Grossner, Aeel. Phys. Lett. **73**, 2751 (1998).

[53] J.-L. Farvacque, and Z. Bougrioua, Phys. Rev. B **68**, 035335 (2003).

[54] J.A. Garrido, J.L. Sanchez-Rojas, A. Jimenez, E. Munoz, F. Omnes, and P. Gibart, Aeel. Phys. Lett. **75**, 2407 (1999).

[55] J.M. Redwing, J.S. Flynn, M.A. Tischler, W. Mitchel, and A. Saxler, Mat. Res. Soc. Syme. Proc Vol. **395**, 201 (1996)

[56] J.M. Redwing, M.A. Tischler, J.S. Flynn, S. Elhamri, M. Ahoujja, R.S. Newrock, and W.C. Mitchel, Aeel. Phys. Lett. **69**, 963 (1996).

[57] G. Gaska, J.W. Wang, A. Osinsky, Q. Chen, M. Asif Khan, A.O. Orlov, G.L. Snider, and M.S. Shur, Aeel. Phys. Lett. **72**, 707 (1998).

[58] C.R. Elsass, I.P. Smorchkova, B. Heying, E. Haus, P. Fini, K. Maranowski, J.P. Ibbetson, S. Keller, P. M. Petroff, S.P. DenBaars, U.K. Mishra, and J.S. Seeck, Aeel. Phys. Lett. **74**, 3528 (1999).

[59] A.T. Shremer, J.A. Smart, Y. Wang, S. Syed, D. Simonian, and H.L. Sormer, Aeel. Phys. Lett. **76**, 742 (2000).

[60] F. Semond, P. Lorenzini, N. Grandjean, and J. Massies, Aeel. Phys. Lett. 78, 335 (2001).

[61] A. Chini, G. Menghesso, E. Zanoni, R. Coffie, D. Buttari, S. Heikman, S. Keller, and U.K. Mishra, Elec. Lett. **39**, 625 (2003).

[62] D.H. Youn, V. Kumar, J.H. Lee, R. Schwindt, W.J. Chang, J.Y. Hong, C.M. Jeon, S.B. Bae, M. B. Bae, M.R. Park, K.S. Lee, J.L. Lee, J.H. Lee, and I. Adesida, Elec. Lett. **39**, 566 (2003).

[63] R. Behtash, H. Tobler, M. Neuburger, A. Shurr, H. Leier, Y. Cordier, F. Semond, F. Natali, and J. Massies, Elec. Lett. **39**, 626 (2003).

[64] V. Hoël, N. Vellas, C. Gacquière, J.C. De Jaeger, Y. Cordier, F. Semond, F. Natali, and J. Massies, Elec. Lett. **38**, 750 (2002).

[65] F. Semond, N. Grandjean, Y. Cordier, F. Natali, B. Damilano, S. Vezian, and J. Massies, Phys. Status Solidi (a) **188**, 501 (2001).

[66] Y. Cordier, F. Semond, P. Lorenzini, N. Grandjean, F. Natali, B. Damilano, J. Massies, V. Hoël, A. Minko, N. Vellas, C. Gaquière, J. C. DeJaeger, B. Dessertene, S. Cassette, M. Surrugue, D. Adam, J.C. Gratteeain, and S.L. Delage, J. Cryst. Growth **251**, 811 (2003).

[67] R. Kiefer, R. Ouay, S. Muller, K. Kohler, F. Van-Raay, B. Raynor, W. Pletschen, H. Massler, S. Ramberger, M. Mikulla, and G. Weimann, Proceedings IEEE Lester Eastman Conference on High Performance Devices Cat. No. 02CH37365, 502 (2002).

[68] J.A. Bardwell, Y. Liu, H. Tang, J.B. Webb, S.J. Rolfe, and J. Laeointe, Elec. Lett. **39**, 564 (2003).

[69] Y. Sano, K. Kaifu, J. Mita, T. Yamada, T. Makita, T. Sagimori, H. Okita, H. Ishikawa, T. Egawa, and T. Jimbo, Transactions of the Institute of Electronics, Information and Communication Engineers C, J86-C(4), 404 (2003).

[70] E.M. Chumbes, A.T. Schremer, J.A. Smart, D. Hogue, J. Komiak, and J.R. Shealy, International Electron Devices Meeting, Technical Digest Cat No. 99CH36318, 397 (1999).

[71] Rashmi, A. Kranti, S. Haldar, and R.S. Gueta, Solid State Electronics **46**, 621 (2002).

[72] Y.F. Wu, B.P. Keller, S. Keller, J.J. Xu, B.J. Thibeault, S.P. DenBaars, and U.K. Mishra, IEICE Transactions on Electronics, E82-C(11), 1895 (1999).

[73] M. Micovic, A. Kurdoghlian, P. Janke, P. Hashimoto, D.W.S. Wong, J.S. Moon, L. McCray, and C. Nguyen, IEEE Trans. Electron Devices **48**, 591 (2001).

Chapitre III. Miroirs sélectifs et dispositifs optoélectroniques à microcavités.

L'application première des semiconducteurs à grands gaps à été et reste l'optoélectronique visible/UV avec en premier lieu les diodes électroluminescentes (DELs) et les diodes lasers en figure de proue[1,2]. Aux recherches basiques menées sur la compréhension des mécanismes d'injection des porteurs, du dopage[3] et de la luminescence de la zone active[4], afin d'augmenter la puissance de sortie des DELs, s'est ajouté le développement de structures plus complexes à cavité résonnante, telles les diodes électroluminescentes à cavité résonnante (DELs-CR), les lasers à cavité verticale (VCSELs en anglais)….. Ces structures, même si elles ne sont pas nécessairement destinées à concurrencer directement les DELs, se présentent néanmoins comme une solution alternative pour augmenter la puissance lumineuse, diminuer la distribution angulaire d'émission et ainsi augmenter le champ d'application des nitrures d'éléments III. Ces structures peuvent être regroupées sous le non générique de microcavités. Une microcavité est en fait une structure de type Fabry-Perot, de dimensions micrométriques et généralement monolithique. Bien que la faisabilité de DELs-CR[5] ainsi que des VSCELs[6] dans les nitrures ait été déjà démontrée, plusieurs problèmes critiques se posent encore pour la réalisation de tels dispositifs. Parmi ceux-ci, nous pouvons noter : la qualité structurale des miroirs, le contrôle des interfaces entre chaque couche du miroir ou encore l'accord en longueur d'onde entre les miroirs et la zone active. Les structures à microcavités à base de nitrures offrent d'autre part la particularité d'être particulièrement propice à l'étude de l'interaction forte lumière-matière[7]. Une telle interaction peut entraîner la formation d'un état cohérent composé pour partie de lumière (photons) et pour partie de matière (électrons). Cet état est appelé exciton-polariton ou régime de couplage fort ("strong coupling" en anglais). La première description théorique des exciton-polaritons a été publié en 1958[8], les premières évidences expérimentales de l'existence des polaritons datent des années 60, alors que les polaritons ont été pour la première fois observés dans des microcavités à base d'arséniures en 1992[9], principalement en raison des difficultés technologiques liées à la réalisation de ce type de structure. Les semiconducteurs à grande bande interdite à base de nitrures d'éléments III ou de certains semiconducteurs II-VI, sont bien adaptés à ces observations car ils possèdent une énergie de liaison de l'exciton et une force d'oscillateur élevées et devraient permettre d'observer des effets polaritoniques à température ambiante[10]. Cela pourrait être mis à profit pour améliorer les performances des composants optoélectroniques et atteindre ainsi des régimes de fonctionnement inaccessibles aux composants classiques[11] (lasers sans seuil, amplificateur paramètrique).

Ce chapitre de thèse s'articule autour de la conception et de la réalisation de miroirs sélectifs, appelés également miroirs de Bragg en vue de la réalisation de dispositifs à microcavités. Les problèmes rencontrés au cours de la réalisation de miroirs sélectifs ont trois origines principales : le faible contraste d'indice des matériaux nitrures, les forts désaccords de paramètres de mailles existant entre les différents nitrures d'éléments III et de coefficients de dilatation thermique entre le substrat et les différents nitrures d'éléments III. Les deux derniers points sont ainsi la cause de la formation de fissures dans la structure épitaxiée, ce qui représente une limite sévère à leur utilisation en vue de la fabrication de dispositifs. Nous montrerons qu'en jouant sur les mécanismes de relaxation et la maîtrise de la contrainte, on peut épitaxier des miroirs sélectifs à forte concentration en aluminium non fissurés avec une réflectivité élevée. Nous montrerons aussi que de tels miroirs permettent l'obtention de DEL à cavité résonnante. Enfin, la dernière partie de ce chapitre sera consacrée à la réalisation et à l'étude de microcavités destinées à l'étude de l'interaction forte lumière matière dans les nitrures d'éléments III. L'obtention du régime de couplage fort, est en fait pour la première fois mis en évidence dans les nitrures d'éléments III.

III.1. Miroirs de Bragg à base de nitrures d'éléments III.

III.1.1 Des interférences constructives aux propriétés des miroirs de Bragg.

Un miroir sélectif, appelé usuellement miroir de Bragg (Distributed Bragg Reflector (DBR), en anglais), est une structure multicouches périodique, dont la période correspond à une alternance d'un milieu 1, d'indice optique n_1 et d'épaisseur d_1, et d'un milieu 2, d'indice optique n_2 et d'épaisseur d_2, tel que $n_1 d_1 = n_2 d_2 = \lambda_0/4$. Le principe est basé sur la réalisation, à une longueur d'onde donnée λ_0, d'interférences constructives permettant ainsi de récupérer la partie réfléchie de l'onde électromagnétique incidente à chaque interface[12]. La figure III.1 présente le cheminement d'une onde électromagnétique dans une telle structure. A chaque interface, nous avons reporté le retard de phase ce qui nous permet de constater que tous les faisceaux réfléchis sont en phase et donc interfèrent de manière constructive en réflexion et destructive en transmission. Dans ce type de configuration, la réflectivité d'un tel miroir à incidence normale et pour une longueur d'onde donnée λ_0 a été calculée[13] (équation III.1) :

$$R = \left[\frac{(1 - \frac{n_s}{n_0} * (\frac{n_1}{n_2})^{2N})}{(1 + \frac{n_s}{n_0} * (\frac{n_1}{n_2})^{2N})}\right]^2 \approx 1 - 4\frac{n_s}{n_0} * (\frac{n_1}{n_2})^{2N} \qquad (III.1)$$

où n_o est l'indice du milieu d'incidence, n_s l'indice du substrat et N le nombre de période. Le pouvoir réflecteur sera d'autant plus élevé que le nombre de couches d'épaisseur quart d'onde, appelé aussi lames d'épaisseur quart d'onde, sera importante et que le rapport n_1/n_2 sera élevé. Les spectres théoriques de réflectivité (i.e. pour $\lambda_0 \neq \lambda$) peuvent être calculés en utilisant le modèle des matrices de transfert[13]. La figure III.2 montre un spectre théorique d'un miroir de Bragg $Al_{0.5}Ga_{0.5}N/GaN$ composé de 25 alternances. Quand la longueur d'onde incidente s'éloigne trop de λ_0, le coefficient R décroît très fortement. Les miroirs de Bragg sont donc de très bons miroirs dans une gamme de longueur d'onde voisine de λ_0. Un autre facteur qui caractérise les miroirs sélectifs est la bande d'arrêt, appelée communément "Stop-Band". Il s'agit en fait de la zone spectrale pour laquelle R≈1. Cette bande d'arrêt peut être vue comme une bande interdite pour les modes photoniques.

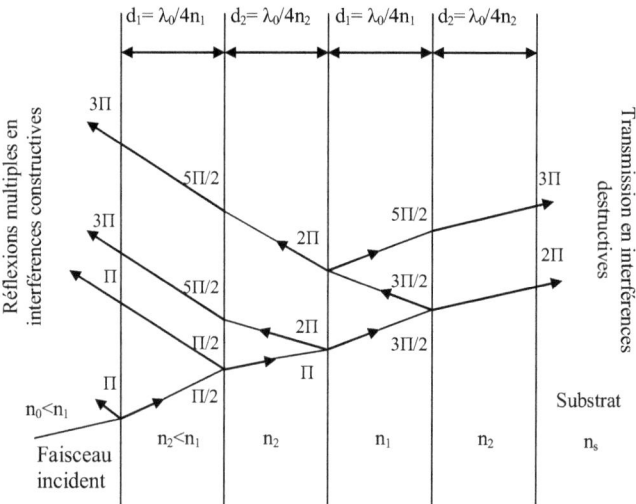

Figure III.1 *Interférences constructives dans un miroir de Bragg.*

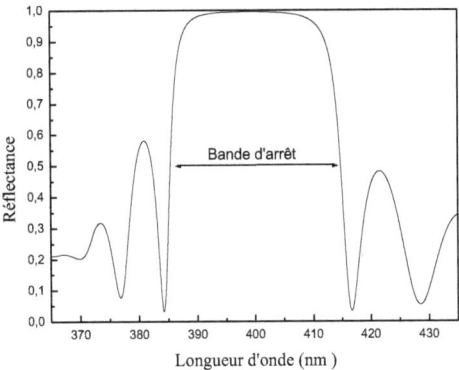

Figure III.2 *Spectre théorique de la réflectivité d'un miroir de Bragg $Al_{0.5}Ga_{0.5}N/GaN$ composé de 25 alternances.*

En longueur d'onde, la largeur de cette bande d'arrêt est donnée par la formule[14] (équation III.2) :

$$\frac{\Delta\lambda}{\lambda_0} = \frac{4}{\pi}\arcsin\left(\frac{n_2 - n_1}{n_2 + n_1}\right) \qquad (\text{III.2})$$

Cette formule est valable dans l'approximation $N \rightarrow \infty$. Elle peut se simplifier dans le cas où $\Delta n(\lambda_0) = |n_1(\lambda_0) - n_2(\lambda_0)| \ll n_o$, en (équation III.3):

$$\frac{\Delta\lambda}{\lambda_0} = \frac{2\Delta n}{\pi n_0} \qquad (\text{III.3})$$

Lorsque N est fini les formules sont plus complexes[15]. Dans le cas d'un miroir de Bragg seul sur un substrat, le milieu incident d'indice n_0 est en général l'air, et de ce fait la première couche doit être celle d'indice le plus fort afin que la première réflexion soit en phase avec les réflexions multiples. C'est la géométrie utilisée sur la figure III.1. Si le miroir est inséré dans une microcavité, les indices peuvent être tels que $n_0 > n_1 > n_2$ (cas d'une cavité de GaN), et dans ce cas la première couche doit alors être celle d'indice faible. Le principe même d'un miroir de Bragg fait que l'onde électromagnétique incidente n'est pas entièrement réfléchie à la première interface, mais qu'une partie l'est à chaque interface des alternances du miroir. La distance au bout de laquelle l'énergie de l'onde électromagnétique qui arrive sur le miroir de Bragg a décrue d'un facteur "e" s'appelle la longueur de pénétration "Lp". Le comportement en longueur d'onde d'un miroir de Bragg est donc le même que celui un miroir parfait situé à une distance Lp plus loin. Cette longueur de pénétration peut être calculée à partir de la formule suivante[13] (équation III.4) :

$$L_p = \frac{\lambda_0}{4} \frac{n_1 n_2}{n_0^2 \Delta_n} \qquad (III.4)$$

Ceci est représenté schématiquement sur la figure III.3, ci-dessous :

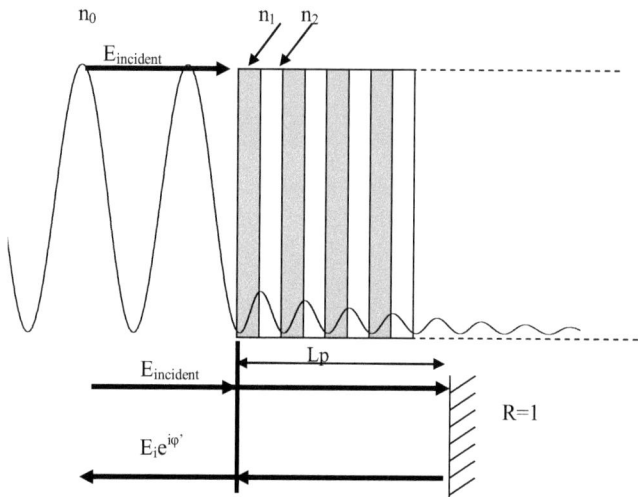

Figure III.3 *Evolution du champ électromagnétique à l'intérieur d'un miroir de Bragg. A incidence normale et pour λ proche de λ₀, le comportement en longueur d'onde d'un miroir de Bragg est donc identique à un miroir parfait situé à une distance Lp plus loin.*

Pour $\lambda_0 = \lambda$ et lorsqu'on fait varier l'angle d'incidence θ, la phase à la réflexion du miroir est modifiée[13]. Il s'en suit une efficacité limite en angle du miroir de Bragg, qui est un élément important, en particulier pour l'extraction de la lumière dans une DEL-CR. A longueur d'onde λ_0 fixe, l'efficacité angulaire du miroir de Bragg peut être déduite de la largeur de la bande d'arrêt (équation III.5) :

$$\Delta \cos \theta = \frac{\Delta n}{\pi n_0} \qquad (III.5)$$

Comme précédemment, on peut remplacer le miroir de Bragg par un miroir parfait situé à une distance L_{DBR}^θ [13], appelé longueur de pénétration en angle. La longueur de pénétration en angle ne peut pas néanmoins être interprétée aussi facilement comme une distance typique de perte d'énergie d'une onde incidente. Cette longueur de pénétration en angle peut être calculée à partir de la formule[13] (équation III.6) :

$$L^{\theta}_{DBR} = \frac{\lambda_0}{4n^2} \frac{n_2}{n_1} \frac{\left(n_1^3 + n_2^3\right)}{\left(n_2^2 - n_1^2\right)} \qquad (III.6)$$

En conclusion, retenons des propriétés d'un miroir de Bragg :
- que sa réflectivité n'est maximale que dans une certaine plage de longueur d'onde. Cette plage dépend du contraste d'indice $\Delta n(\lambda_0)$.
- que la longueur de pénétration et l'efficacité angulaire dépendent elles aussi du contraste d'indice.
- que le maximum de réflectivité dépend du rapport d'indice et du nombre de paires constituant le miroir.

III.1.2. La cavité Fabry-Perot : un modèle simple pour traiter des microcavités à base de semiconducteurs.

Un modèle simple permettant de traiter de quelques propriétés basiques de la physique des microcavités est le résonateur Fabry-Perot. Il s'agit d'un système composé de deux miroirs métalliques M1 et M2 séparés d'un milieu d'indice n_{cav} et de longueur L_{cav} qui est le siège d'interférences multiples à l'intérieur de la cavité (voir figure III.4). On note r_1, t_1, les coefficients de réflexion et de transmission en champ du miroir supérieur et r_2, t_2 ceux du miroir inférieur. Les coefficients de réflexion et de transmission en intensité sont donnés par $R_1 = |r_1|$, $T_1 = |t_1| = 1 - R_1$, $R_2 = |r_2|$, $T_2 = |t_2| = 1 - R_2$.

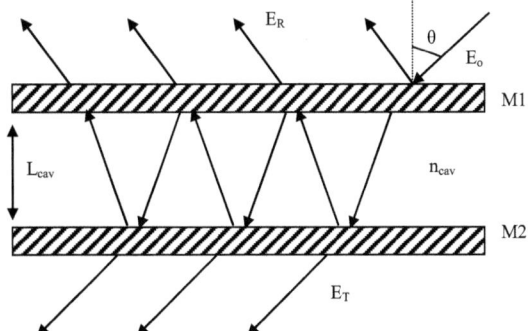

Figure III.4 *Schéma d'une cavité Fabry-Pérot avec une source externe.*

Si on considère maintenant qu'une onde plane monochromatique avec un angle d'incidence θ et un champ électrique d'amplitude E_0, arrive sur le Fabry-Pérot, le champ électrique de l'onde transmise aura une amplitude (équation III.7) :

$$E_t = E_0 t_1 t_2 \left(1 + r_1 r_2 e^{2i\phi} + (r_1 r e^{2i\phi})^2 + ...\right)$$

$$E_t = E_0 \frac{t_1 t_2}{1 - r_1 r_2 e^{2i\phi}} \qquad \text{(III.7)}$$

avec

$$2\phi = 2n_{cav} k_o L_{cav} \cos\theta \qquad \text{(III.8)}$$

étant le déphasage d'un aller retour de l'onde dans la cavité et k_o étant le vecteur d'onde de la lumière monochromatique dans la cavité Fabry-Pérot. La transmission en intensité du Fabry-Pérot vaut donc (équation III.9) :

$$T = \frac{I_t}{I_o} = \frac{|E_t|^2}{|E_0|^2} = \frac{T_1 T_2}{\left|1 + r_1 r_2 e^{2i\phi}\right|^2} = \frac{T_1 T_2}{1 + R_1 R_2 - 2r_1 r_2 \cos 2\phi} \qquad \text{(III.9)}$$

En introduisant la fonction d'Airy, $Ay(\phi)$ (équation III.10) :

$$Ay(\phi) = \frac{1}{1 + C \sin^2 \phi} \qquad \text{(III.10)}$$

avec la constante C telle que (équation III.11) :

$$C = \frac{4 r_1 r_2}{(1 - r_1 r_2)} \qquad \text{(III.11)}$$

La transmission en intensité du Fabry-Pérot peut se réécrire (équation III.12) :

$$T = \frac{T_1 T_2}{(1 + r_1 r_2)^2} Ay(\phi) \qquad \text{(III.12)}$$

La fonction d'Airy a l'allure donnée dans la figure III.5, pour $r_1 = r_2 = r$ et pour différentes valeurs de R = |r|. $\delta\nu$ est la séparation entre deux modes, appelé intervalle spectral libre, et $\Delta\nu$

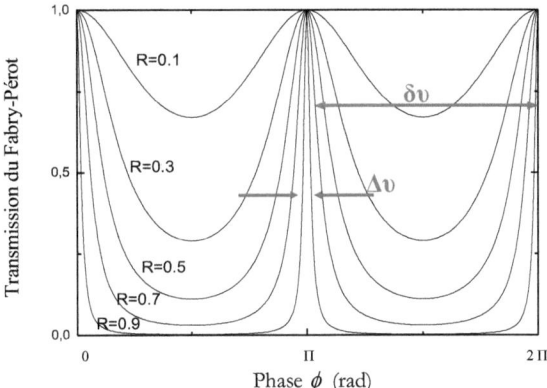

Figure III.5 *Evolution de la fonction d'Airy Ay(ϕ) pour deux miroirs identiques et différentes valeurs de leur réflectivité.*

la largeur à mi-hauteur du mode. La fonction d'Airy traduit en fait le comportement résonnant de l'onde dans la cavité. Le critère de qualité d'un résonateur Fabry-Pérot est défini comme le rapport entre l'intervalle spectral libre et la largeur à mi-hauteur du mode (équation III.13). Ce critère est appelé finesse :

$$F = \frac{\delta \nu}{\Delta \nu} = \frac{\pi \left(\sqrt{R_1 R_2}\right)^{1/2}}{1 - \sqrt{R_1 R_2}} \qquad (III.13)$$

En conclusion de ce paragraphe, on peut retenir que la finesse de la cavité est d'autant plus élevée que le coefficient de réflexion des miroirs est grand, et réciproquement les pics de transmission, c'est à dire la résolution spectrale, sont plus fins.

Rappelons que pour que la cavité soit le siège d'interférences constructives, l'épaisseur L_{cav} doit être un multiple entier, m_c, de $\lambda_0/2$[13] :

$$m_c \frac{\lambda_0}{n} = 2 L_{cav} \qquad (III.14)$$

où m_c est appelé l'ordre de la cavité. Une cavité résonnante de type Fabry-Pérot est donc une cavité de type "demi-onde".

III.1.3. Microcavités à base de semiconducteurs.

La figure III.6 représente de manière schématique la structure d'une microcavité à base de semiconducteurs. Dans le cadre d'une élaboration par croissance épitaxiale, il est évident que le premier miroir utilisé sera de type miroir de Bragg à base de nitrures. Le second miroir peut être réalisé soit par croissance épitaxiale et dans ce cas il s'agira d'un miroir de Bragg à base de nitrures, soit réalisé post-croissance et dans ce cas il peut s'agir d'un miroir de Bragg diélectrique ou plus rarement d'un miroir métallique. Le cas classique lorsqu'on étudie les concepts physiques d'une cavité Fabry-Pérot est de considérer que les miroirs sont des miroirs métalliques. En fait, dans le cas de microcavité à base de semiconducteurs, les miroirs utilisés

Figure III.6 *Représentation schématique d'une microcavité à semiconducteurs.*

sont des miroirs de Bragg. Les principes énoncés précédemment sont toujours vérifiés ; néanmoins le champ électrique dans la cavité pénètre dans les miroirs sur une longueur Lp. Cela a pour effet de modifier le champ électromagnétique dans la structure par rapport au profil du champ dans une cavité Fabry-Pérot, qui s'annule aux interfaces cavité-miroir. De ce fait, la durée de vie du photon à l'intérieur de la cavité physique est sensiblement modifiée (i.e. devient plus faible), et la longueur physique de la cavité doit être remplacée par une longueur, dite longueur effective de cavité "L_{eff}" traduisant la pénétration du champ électrique dans les miroirs de Bragg (équation III.15) :

$$L_{eff} = L_{cav} + L_{p1} + L_{p2} \qquad (III.15)$$

où L_{p1} et L_{p2} sont les longueurs de pénétration des miroirs de Bragg et L_{cav} la longueur physique de la cavité. La figure III.7 montre l'évolution du module au carré du champ électrique à l'intérieur de la microcavité (pour plus de lisibilité, le calcul a été fait en considérant qu'il s'agissait de miroir de Bragg diélectriques SiO_2/Si_3N_4 de réflectivité 99%).

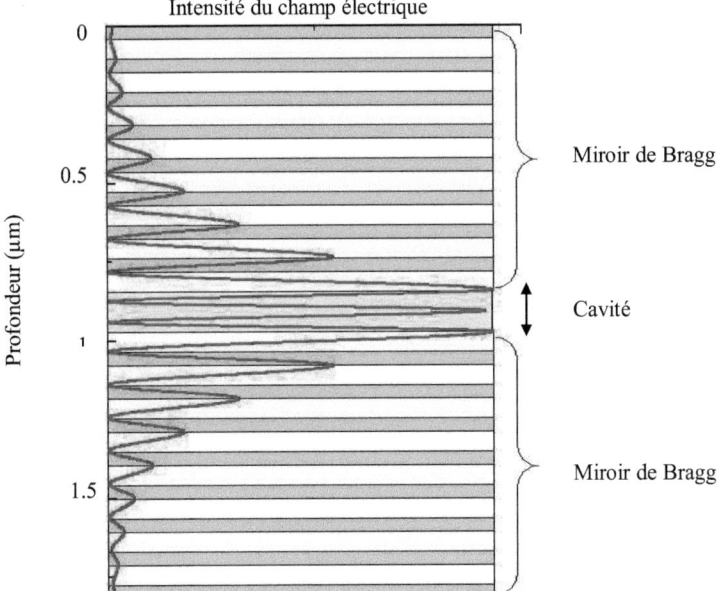

Figure III.7 *Evolution du module au carré du champ électrique à l'intérieur d'une microcavité à base de puits quantiques (Al,Ga)N/GaN avec des miroirs de Bragg SiO$_2$/Si$_3$N$_4$ (8 paires).*

On pourrait croire qu'un miroir de Bragg ne doit répondre à première vue qu'à une seule spécification : avoir une réflectivité maximale avec une bande d'arrêt la plus large possible à la longueur d'onde de travail. En fait, il n'en est rien. Ce sont les applications auxquelles sont destinées ces hétérostructures et en second lieu les contraintes liées à la croissance qui imposent les propriétés spécifiques des miroirs sélectifs.

III.1.4 Pré-requis pour la réalisation de miroirs de Bragg efficaces à base de nitrures : la nécessité d'une forte concentration en aluminium.

Nous présentons, dans le paragraphe suivant, les spécificités de miroirs de Bragg requises pour réaliser une DEL-CR et une microcavité destinée à l'étude de l'interaction forte lumière-matière.

En utilisant une microcavité optique pour des diodes émettrices de lumière, on peut s'affranchir des limitations intrinsèques des DELs dues à la réflexion totale interne (à cause de la grande différence d'indice de réfraction entre le semiconducteur et le milieu extérieur, seule une petite fraction de la lumière qui est émise dans un étroit cône peut se coupler avec l'extérieur), qui limite le rendement total d'une diode planaire à 2-3 % (entre 10% et 30% après encapsulation). Si le même émetteur est inclus dans une microcavité, le diagramme d'émission peut être remodelé de telle sorte que la plupart de l'émission ait lieu à l'intérieur du cône d'échappement. Des rendements de 25-30 % peuvent ainsi être obtenus. Le rendement d'extraction est donné par (équation III.16) :

$$\eta_{ext} = \frac{1}{m_c + m_{DBR1}^\theta + m_{DBR2}^\theta} \qquad (III.16)$$

où m_c est l'ordre de la cavité, m_{DBR1}^θ et m_{DBR2}^θ sont les ordres effectifs en angle des miroirs de Bragg. L'ordre effectif en angle d'un miroir peut être interprétée comme une augmentation de la taille de la cavité de la longueur L_{DBR}^θ, telle que (équation III.17) :

$$L_{DBR}^\theta = \frac{\lambda_0 m_{DBR}^\theta}{n_{cav}} \qquad (III.17)$$

Les études théoriques très complètes réalisées par Benisty *et al.*[16] font ressortir des règles simples et utiles pour optimiser et concevoir des DELs-CR. Parmi celles-ci, notons :
- qu'une diminution des longueurs de pénétration en angle et en énergie entraîne une augmentation du rendement quantique externe.
- qu'une augmentation de la longueur de la cavité diminue le rendement quantique externe.
- qu'une augmentation de la réflectivité des miroirs (i.e. une diminution de la largeur spectrale) accroît le rendement quantique d'extraction.

Pour que l'émission d'une DEL-CR se fasse principalement dans une direction (par exemple vers l'avant), les miroirs ne doivent pas être identiques. Un miroir à très forte réflectivité sera utilisé à l'arrière (dans le cas de notre représentation schématique, figure III.6, il s'agit du miroir de Bragg 1) et une miroir à plus faible réflectivité à l'avant. Typiquement la réflectivité du miroir de Bragg 1 doit être de l'ordre de 100% et celle du miroir de Bragg 2 d'environ 60-70%. Nous voyons ainsi que ces deux miroirs de Bragg ne doivent pas répondre aux mêmes critères de réflectivité. Néanmoins, un critère commun est la nécessité de limiter les longueurs de pénétration en angle et en énergie. Ceci passe par l'utilisation de miroirs de Bragg à fort contraste d'indice. Dans le cas des nitrures d'éléments III, des DELs-CR et des VCSELs ayant une structure miroir à base d'(Al,Ga)N/GaN ont déjà été reportés dans la littérature[17,18,19]. Toutefois les performances de ces composants sont limitées par le faible contraste d'indice (i.e. faible largeur de bande d'arrêt) entre les couches qui constituent le miroir de Bragg, augmentant ainsi la longueur effective de la cavité, le nombre de modes dans la cavité et diminuant le coefficient d'extraction. Pour être performantes, de telles structures requièrent en fait des miroirs de Bragg GaN/(Al,Ga)N à forte concentration en aluminium avec de très bonnes propriétés optiques. Typiquement, la concentration en aluminium utilisée dans la littérature est limitée à une gamme comprise entre 8% et 34%[17,20]. Au-delà de telles compositions, les miroirs de Bragg sont fissurés. De récent progrès montrent qu'il est possible d'obtenir par EPVOM des miroirs de Bragg non fissurés avec une concentration en aluminium de 60% avec de très hautes réflectivités (95%)[21]. Néanmoins, le nombre très élevé de bicouches (supérieur à la théorie, en comparaison à la référence 23) nécessaire pour obtenir de telles réflectivités semble traduire d'importantes pertes optiques, probablement dues à de la diffusion interfaciale. En effet, les couches épitaxiées par EPVOM présentent une rugosité aux interfaces à grande échelle[22], qui est du même ordre de grandeur que la longueur d'onde de travail, ce qui tend à augmenter les phénomènes de diffusion optiques. Ces phénomènes tendent à s'accentuer lorsque la concentration en aluminium augmente, ainsi que pour un nombre de bicouches élevées (de l'ordre de 40 bicouches)[23]. La diminution de la rugosité des interfaces, par des recuits sous ammoniac[24] dans le cas de miroirs épitaxiés en EPVOM montre une nette amélioration de la réflectivité des miroirs. On peut noter que sous certaines conditions la croissance par EJM avec une source plasma nécessite également un traitement des interfaces des miroirs de Bragg afin d'évaporer l'excès d'éléments III à chaque interface. Grâce à un tel traitement, la réflectivité des miroirs est sensiblement accrue[25].

A l'inverse, bien que les miroirs de Bragg épitaxiés par EJM présentent des surfaces très abruptes et que cette technique de croissance permet un meilleur contrôle des épaisseurs, la composition maximale d'aluminium avant l'apparition de fissures n'est que de 30%[26], ce qui diminue considérablement le rendement quantique externe. Il était donc important, et cela fera le sujet du paragraphe III.1.7, de réaliser des miroirs de Bragg non fissurés à forte concentration en aluminium pour ainsi augmenter le contraste d'indice, diminuer la longueur de pénétration en angle et en énergie afin d'accroître le rendement quantique externe des diodes électroluminescentes.

Dans le cadre d'une microcavité destinée à l'obtention du régime de couplage fort, les pré-requis sont sensiblement différents. Nous traiterons plus en détail de l'interaction lumière-matière dans les matériaux à base de nitrures dans le paragraphe III.1.3, mais nous énonçons néanmoins ici quelques généralités. L'obtention du régime de couplage fort tient principalement en quatre paramètres : la force d'oscillateur de l'exciton, la largeur de la raie d'émission excitonique, la largeur du mode électromagnétique résonnant de la microcavité et la longueur effective de la cavité. Si un certain nombre de conditions sont satisfaites, l'interaction entre un exciton et un photon peut donner lieu à la formation de polaritons de cavité et dans ce cas on parle de régime de couplage fort. Les états propres du système (miroir de Bragg, cavité et zone active) sont d'énergies différentes E_1 et E_2, et on appelle dédoublement de Rabi la différence d'énergie E_1-E_2. Tout comme dans le cas des DELs-CR, nous pouvons faire ressortir quelques règles simples et utiles dépendant directement des propriétés des miroirs de Bragg pour obtenir le couplage fort[27,28] :

- une diminution de la longueur effective de cavité (i.e l'utilisation de miroirs à fort contraste d'indice) augmente de dédoublement de Rabi.
- une diminution de la largeur du mode électromagnétique résonnant de la cavité (i.e l'utilisation de miroirs à forte réflectivité) accroît le dédoublement de Rabi.

De ces pré-requis, il semble donc important de réaliser des miroirs de Bragg avec une très forte réflectivité, pour disposer d'une largeur du mode photonique la plus faible possible, et à fort contraste d'indice pour limiter les longueurs de pénétration. Ceci est particulièrement vrai lorsque les matériaux utilisés ont de faibles forces d'oscillateurs. Dans le cas des nitrures d'éléments III, nous verrons que la grande force d'oscillateur de l'exciton est un atout supplémentaire pour l'obtention du régime de couplage fort, n'impliquant pas de ce fait des miroirs de Bragg à très forte réflectivité. Mais la nécessité d'utiliser des miroirs à fort contraste est maintenue.

III.1.5. Indice de réfraction : le point de départ dans la conception d'une microcavité.

Le point de départ dans la conception et l'élaboration de structures à microcavité est la connaissance des indices optiques qui ont évidemment un impact important dans l'architecture de tels dispositifs. Les indices de GaN et des alliages (Al,Ga)N et (In,Ga)N ont été déterminés par plusieurs groupes[29,30,31], mais il existe une grande disparité dans les valeurs publiées pour un même alliage et à une même longueur d'onde (des écarts de l'ordre de 4 à 5 % sont observables pour des longueurs d'ondes de 600 nm et une concentration en Al de 20%). Cette dispersion s'accentue lorsque la concentration d'aluminium de l'alliage (Al,Ga)N augmente. Une telle dispersion peut éventuellement s'expliquer par les différentes méthodes de mesures des indices utilisées (ellipsométrie, interférométrie, guidage optique...), mais aussi par les différentes procédures de croissance mises en œuvre pour obtenir des films minces. L'état de contrainte, la rugosité de surface et la densité de dislocations des couches sont très dépendants des conditions et des techniques de croissance (EPVOM ou EJM). Shokhovets et al.[32] ont mis en évidence la forte influence de la rugosité de surface et de la nature de l'interface entre les différents films sur les propriétés optiques. Il a été aussi montré que les défauts diminuent la propagation optique. Les nitrures d'éléments III ont aussi la propriété d'être anisotropes. De ce fait l'indice de réfraction n'est pas le même si la polarisation est parallèle (n_o) et perpendiculaire (n_e) à l'axe [0001] (qui est en général l'axe de croissance).

En fait, il est difficile de déterminer parmi les valeurs d'indice publiées celles qui sont appropriées car les procédures expérimentales et la qualité structurale (densité de dislocations, état de contrainte...) ne sont pas décrites en détail dans les publications. Nous nous proposons donc dans ce paragraphe d'évaluer l'influence des paramètres structuraux, densité de dislocations et état de contrainte, sur l'indice de réfraction de l'AlN. L'alternance Si/AlN/GaN/AlN, qui est à la base de la procédure de croissance de GaN sur Si(111) que nous avons développée au chapitre I, est une structure adéquate pour cette étude. Nous ne prétendons pas ici expliquer la raison de la grande disparité des valeurs d'indices de réfraction publiées dans la littérature mais seulement exposer les observations et les interprétations que nous avons pu faire sur une série de trois échantillons d'AlN. Nous avons étudié en diffraction de rayons X, en MET et en AFM la série d'échantillons présentée sur la figure III.8.

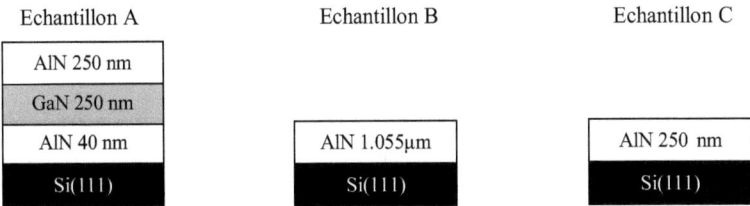

Figure III.8 *Représentation schématique des trois échantillons d'AlN.*

Nous reportons sur la figure III.9, la variation de l'indice de réfraction en fonction de la longueur d'onde de ces trois échantillons mesurée par ellipsométrie à l'IEMN par E. Doghèche et E. Dumont. L'excitation lumineuse pour obtenir une lumière monochromatique couvrant le domaine spectral compris entre 400 nm et 800 nm est une lampe à arc Xénon associée à un monochromateur à double réseaux. L'angle d'incidence est 70°. Les résultats expérimentaux montrent que chaque couche d'AlN étudiée présente un indice de réfraction différent. Une loi de type Sellmeier est utilisée pour décrire les valeurs expérimentales de la dispersion de l'indice de réfraction des échantillons d'AlN A, B et C dans la zone de transparence (équation III.18) :

$$n^2 = 1 + \frac{a\lambda^2}{\lambda^2 - b^2} \qquad (III.18)$$

où a et b sont des paramètres d'ajustements. Les paramètres a et b ont pour valeurs, 3.166 et 130.51 pour l'échantillon A, 3.163 et 138.4 pour l'échantillon B et 3.293 et 125.52 pour l'échantillon C.

Pour analyser cette différence, nous portons notre attention sur 3 paramètres structuraux importants : la rugosité de surface, la densité de dislocations et la contrainte résiduelle. L'influence du taux de dopage, qui est un autre paramètre important, sur l'indice de réfraction n'est pas envisagée car ces couches sont non intentionnellement dopées et que nous pensons que le dopage résiduel ne varie pas de façon importante pour les trois échantillons. Les rugosités de surface mesurées à partir d'image AFM de 3µm*3µm sont similaires pour les trois échantillons (0.4 nm pour les échantillons B et C et 0.9 nm pour l'échantillon A) et de ce fait ne peuvent pas expliquer la différence entre les indices de réfraction. Si nous regardons l'évolution de la densité de dislocations entre ces trois échantillons, nous constatons que celle-ci passe de $5*10^{11}$ cm^{-2} pour les échantillons B et C à $2-3*10^{10}$ cm^{-2} pour l'échantillon A : soit une diminution d'un facteur 10 à 20. Si l'on peut mettre de ce fait en exergue le rôle de la densité de dislocation sur l'écart de l'indice de réfraction, la variation de la densité de dislocations est toutefois insuffisante pour expliquer la différence plus faible mais notable entre l'échantillon B et C. Un autre paramètre qui influe sur la valeur de l'indice de réfraction est la contrainte car elle agit sur l'énergie de bande interdite[33]. On peut penser que la contrainte est différente pour ces trois échantillons. La contrainte a été mesurée par diffraction de rayons X. L'échantillon B est plus en extension que l'échantillon C : -2.2% pour l'échantillon B et –1.7% pour l'échantillon C. Quand la contrainte devient de plus en plus extensive, la branche haute de la

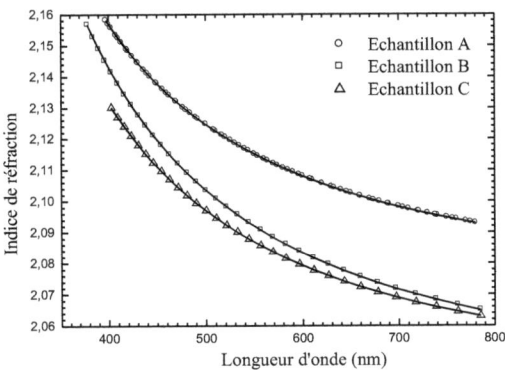

Figure III.9 *Evolution de l'indice de réfraction (symboles) des trois échantillons d'AlN en fonction de la longueur d'onde. Les lignes continues représentent l'ajustement aux données expérimentales en utilisant la relation de Sellmeier.*

bande de valence devient de plus en plus de type Γ_7, et l'énergie de bande interdite diminue[34]. De ce fait, l'énergie de bande interdite de l'échantillon B est légèrement plus élevée que celle de l'échantillon C et ceci pourrait expliquer les différences observées concernant les valeurs d'indices de réfraction. L'échantillon A présente une contrainte extensive résiduelle de -2%. Son énergie de bande interdite étant de ce fait du même ordre de grandeur que les échantillons B et C, nous associons la différence importante des indices de réfraction à la densité de dislocations entre l'échantillon A et les échantillons B et C. Signalons que des résultats antérieurs vont dans le même sens. En 1996, Liau *et al.*[35] sur la base de travaux théoriques, montrent que des pertes optiques significatives pouvaient être induites par une densité de dislocations trop importante. Le cas de GaN était traité dans cette étude. L'impact de la qualité structurale, dans le cas de couches épaisses d'(Al,Ga)N, a été mis en évidence en outre par Doghèche *et al.*[36].

Nous avons reportés sur la figure III.10, la variation de l'indice de réfraction en fonction de la longueur d'onde pour les échantillons A, B et C ainsi que des valeurs parues dans la littérature[29,30,37,38]. Il est important de noter que la plupart des mesures publiées correspondent à des films d'AlN directement déposés sur saphir (sans couche tampon ou autre procédure d'ingénierie de la contrainte) et qui de ce fait présentent une densité de dislocations du même ordre de grandeur voire plus élevée que l'échantillon A. Les indices de réfraction publiés par Brunner *et al.*[29] recouvrent toute la gamme des alliages (Al,Ga)N. Ces couches sont épitaxiées

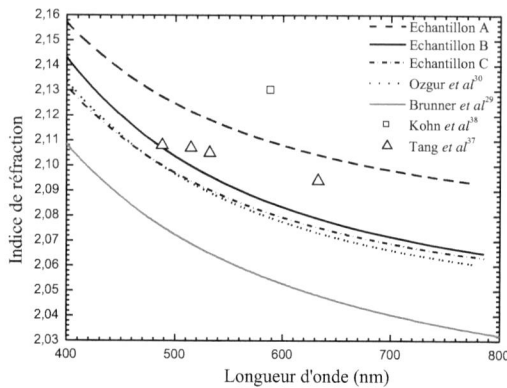

Figure III.10 *Evolution de l'indice de réfraction de l'échantillon A,B et C ainsi que de valeurs parues dans la littérature en fonction de la longueur d'onde.*

sur des substrats de saphir. Au regard des observations faites sur l'évolution de l'indice d'AlN en fonction des propriétés structurales, il nous est ainsi apparu nécessaire de mesurer les indices de réfraction des couches épaisses d'(Al,Ga)N épitaxiées sur silicium présentées au chapitre II. Cette fois-ci les indices de réfraction ont été déterminés à partir de mesures réalisées au LASMEA, en combinant des expériences d'ellipsométrie et de réflectivité[39]. Ainsi, pour modéliser et caractériser les miroirs de Bragg et les microcavités, nous utiliserons les indices de réfraction publiés par Brunner et al.[29] lorsque les films seront épitaxiés sur substrat de saphir et les indices de réfraction publiés par Antoine-Vincent et al.[39], présentés dans ce manuscrit lorsque les films seront épitaxiés sur substrat de silicium.

Il est important de noter que la variation de l'indice de réfraction de l'AlN en fonction de la longueur d'onde, mesurée à l'IEMN et sur un échantillon identique (même structure et même épaisseur que l'échantillon A) au LASMEA, n'a pas donné le même résultat. La figure III.11 présente la variation de l'indice de réfraction d'AlN en fonction de la longueur d'onde issue de ces deux mesures, ainsi que de valeurs parues dans la littérature. L'origine de cette différence n'est pas encore établie. Des expériences croisées entre l'IEMN et le LASMEA sont en cours.

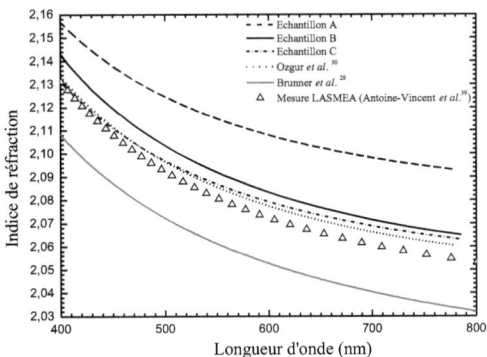

Figure III.11 *Evolution de l'indice de réfraction en fonction de la longueur d'onde des échantillons A, B et C ainsi d'un échantillon similaire à l'échantillon A, publié par Antoine-Vincent et al.[39]. Nous avons également reporté des valeurs parues dans la littérature.*

Nous avons reporté sur la figure III.12, et ce à titre de comparaison, les résultats publiés dans la littérature par Brunner et al.[29] et ceux de Antoine-Vincent et al.[39]. On peut noter des écarts de l'ordre de 5% pour des teneurs en aluminium voisines de 50% et pour les couches de GaN. Nous avons également reporté sur la figure III.12 et pour la longueur d'onde de 450 nm la valeur de Δn. Cette valeur est de 0.345 pour le système GaN/AlN. A titre de comparaison, soulignons que cette valeur est de 0.53 pour le système AlAsSb/AlGaAsSb[40] à une longueur d'onde de 1.55 µm et de 0.5 pour le système AlAs/GaAs[41] à une longueur d'onde de 1.00 µm.

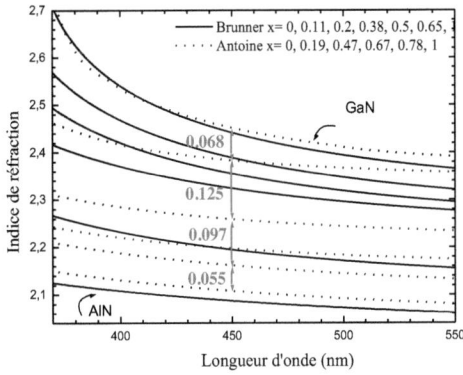

Figure III.12 *Comparaison des indices de réfraction d'(Al,Ga)N avec ceux publiés par Brunner et al.[29]. Le saut d'indice correspondant aux mesures de Antoine-Vincent et al.[39] entre les différents alliages d'(Al,Ga)N est également reporté.*

Conclusion.

La caractérisation d'échantillon d'AlN par AFM, diffraction de rayon X et MET à mis en évidence une forte corrélation entre les valeurs d'indice de réfraction et les propriétés structurales de ces films. L'influence des paramètres structuraux, tels la densité de dislocations et l'état de contrainte, sur les valeurs des indices de réfraction d'(Al,Ga)N, pourraient ainsi expliquer au moins en partie la grande disparité des valeurs parues dans la littérature.

III.1.6. Croissance et caractérisations de miroirs sélectifs à base d'(Al,Ga)N.

Contrairement aux miroirs diélectriques pour lesquels les contrastes d'indices sont importants, il est nécessaire d'utiliser dans le cas des nitrures un très grand nombre de périodes pour obtenir une réflectivité élevée. A titre d'exemple, il suffit de seulement 7 bicouches de SiO_2/Si_3N_4 pour obtenir une réflectivité de 99% contre 25 bicouches d'$Al_{0.5}Ga_{0.5}N$/GaN. Dans le cas de miroirs à base d'(Al,Ga)N, un contraste d'indice très élevé impliquera de plus un fort désaccord de paramètre de maille et de coefficient de dilatation thermique qui pourra engendrer la formation de dislocations et de fissures. Si l'on diminue le contraste d'indice, on diminuera par là même la bande d'arrêt du miroir et il faudra ainsi augmenter le nombre d'alternances. La faible vitesse de croissance épitaxiale (comprise entre 0.1 et 1 µm/h) impliquera de ce fait des croissances de plusieurs dizaines d'heures. L'élaboration d'un miroir de Bragg nitrures s'avère donc être l'objet d'un compromis entre les impératifs liés à la croissance et les performances optiques et/ou électriques[*] souhaitées. Enfin la rugosité aux interfaces à l'échelle de la longueur d'onde doit être minimale afin de limiter les phénomènes de diffusion des photons aux interfaces. La croissance de miroirs de Bragg (Al,Ga)N /(Al,Ga)N ne présente pas de spécificité particulière. Elle est toujours de type bidimensionnelle, et l'incorporation d'aluminium n'est pas un facteur limitatif. Nous n'observons pas de démixion d'alliage.

Un point critique cependant est la qualité structurale de la cavité. Il est important que les miroirs épitaxiés aient de bonnes propriétés structurales et une rugosité de surface la plus faible possible afin que la croissance de la cavité se fasse dans les meilleures conditions et espérer ainsi obtenir les propriétés optiques attendues.

---

[*] Il peut également s'avérer important pour optimiser les caractéristiques courant-tension des DELs-CR de doper les miroirs de Bragg.

III.1.6.i. Résultats préliminaires : le problème de la fissuration.

Des miroirs GaN/Al$_{0.2}$Ga$_{0.8}$N et AlN/Al$_{0.22}$Ga$_{0.78}$N ont été épitaxiés dans un premier temps sur des couches épaisses de GaN, que se soit à partir de substrats de GaN, silicium et saphir. Toutes ces structures sont fissurées. Dans ce paragraphe nous présentons à titre d'exemple les propriétés optiques et structurales d'un miroir A consistant en 10 alternances d'AlN/Al$_{0.22}$Ga$_{0.8}$N épitaxiées sur Si(111) selon la procédure mise au point au chapitre I. Cette structure est présentée sur la figure III.13. Nous soulignons ainsi les limites de telles structures. D'autres résultats traitant de ces premiers miroirs peuvent être trouvés dans les références[42,43].

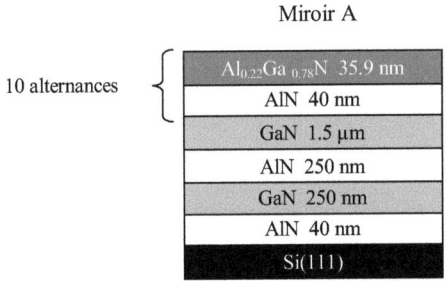

Figure III.13 *Représentation schématique du miroir de Bragg A (10 alternances AlN/Al$_{0.22}$Ga$_{0.78}$N).*

La caractérisation par microscope optique, par MEB et par MET, met en évidence la présence de fissures d'une densité moyenne importante, de l'ordre de 10^4 cm^{-1} (i.e. l'inverse de la distance entre fissures mesurée perpendiculairement à la direction de la fissure). Les clichés MET en section transverse et MEB de la surface du miroir sont présentés sur la figure III.14. En fait, deux types de fissures distinctes existent dans ces couches. En premier lieu, il s'agit de fissures qui se produisent lors de la croissance et qui sont partiellement ou totalement recouvertes une fois générés. Elles se distinguent par leur caractère discontinu et apparaissent en forme de pointillées sur le cliché MEB. La direction de ces fissures est <2110>, et leur densité est similaire pour les trois directions cristallographiques équivalentes. Une fissure s'arrête généralement lorsqu'elle croise une autre fissure. L'apparition d'une fissure en croissance génère une zone d'une soixantaine de nanomètres autour de celle-ci en forme de "V" (dite "V-shaped") dans laquelle la vitesse est moins rapide que dans une zone sans fissure. Dans le cas de croissance réalisée sur substrat de silicium, le fort désaccord de coefficients de dilatation thermique entre le substrat et les couches nitrures génère également

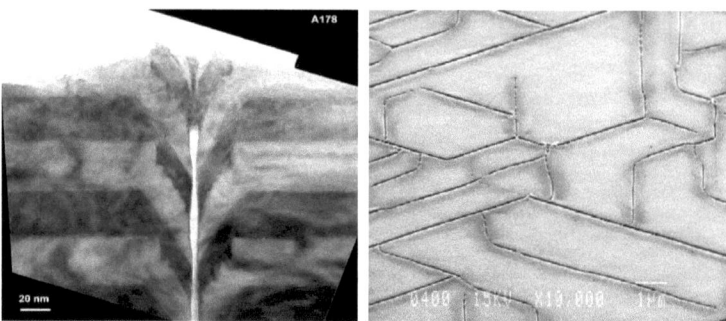

Figure III.14 *a) Image MET en section transverse du miroir A.b) Image MEB de la surface du miroir A.*

des fissures lors du refroidissement de l'échantillon. Elles apparaissent sous la forme de lignes continues sur les clichés MEB et présentent entre elles un angle de 60 degrés imposé par la symétrie cristalline. Notons que la surface des miroirs épitaxiés sur saphir ne présente pas ce deuxième type de fissures.

Les propriétés optiques de ce miroir ont été mesurées par réflectivité sous incidence normale à 300K. Un miroir en aluminium, dont la réflectance est connue, nous permet de normaliser les spectres de réflectivités. Au spectre expérimental du miroir A a été superposé, sur la figure III.15, son spectre théorique. La réflectivité maximale mesurée est en bonne adéquation avec la valeur attendue tout comme la largeur de la bande d'arrêt et la longueur d'onde de travail, ce qui souligne de ce fait le bon contrôle des épaisseurs et de la concentration en Al de l'alliage (Al,Ga)N. La coïncidence en longueur d'onde entre les franges d'interférences du spectre mesuré et simulé indique que les fonctions de dispersion utilisées pour modéliser la structure sont correctes. En revanche, on remarque une divergence importante au niveau des amplitudes entre les maximas et les minimas d'interférences calculées et mesurées.

Le miroir A a été également caractérisé par rétrodiffusion Rutherford (RBS). Cette méthode permet d'évaluer les épaisseurs et la composition en Al des miroirs de Bragg. Le calcul théorique d'un spectre RBS quelque soit le type de structure, nécessite au préalable la mesure de paramètres expérimentaux[44] tels que la nature et l'énergie de la particule incidente, l'angle de détection, l'angle solide du détecteur, la charge reçue par l'échantillon et le "straggling" (déviation de la trajectoire des particules incidentes par rapport à la normale). Les

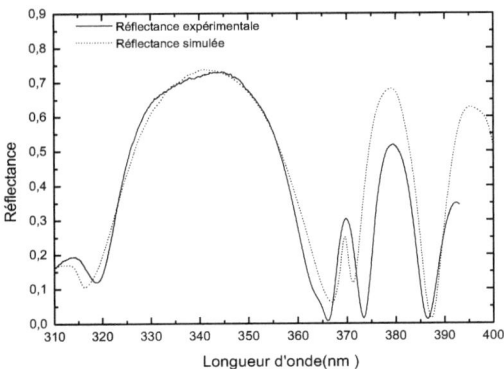

Figure III.15 *Mesure de réflectivité optique du miroir A (trait continu), comparée au calcul de la réflectivité (trait pointillé) à température ambiante.*

particules incidentes sont des ions $^4He^+$ d'énergie 2 MeV. Pour l'analyse du miroir A, l'angle de rétrodiffusion est de 20°. La figure III.16 représente le spectre RBS en mode aléatoire du miroir A, ainsi que sa simulation. La simulation la plus en adéquation avec le spectre mesuré, a été obtenue en utilisant des épaisseurs de 33.5 nm pour (Al,Ga)N et 38.5 nm pour AlN. La résolution en épaisseur étant de ± 5 nm. Les épaisseurs visées étaient de 35.9 nm pour (Al,Ga)N et de 40.0 nm pour AlN. La diminution du signal de gallium au fur et à mesure que l'on sonde l'échantillon en profondeur traduit une forte déviation de la trajectoire des particules incidentes par rapport à la normale (phénomène de "straggling" très prononcé) due, très certainement, aux nombreuses fissures présentent dans l'échantillon. Le spectre théorique est réalisé en considérant que les interfaces sont idéalement abruptes. La sensibilité de l'expérience à la raideur de l'interface étant de 5 nm, il est difficile de détecter de faibles effets de ségrégation ou de diffusion aux différentes interfaces. Néanmoins le très bon accord entre le spectre théorique (qui part de l'hypothèse que les interfaces sont idéalement abruptes) et le spectre expérimental laisse présager que les d'interfaces sont abruptes à la précision près de la mesure.

La concentration d'aluminium mesurée est de 25% avec une erreur relative de 10%. L'écart en concentration entre la valeur mesurée et celle visée (22%) peut venir de cette erreur expérimentale ou plus vraisemblablement du gradient de composition dû à l'inhomogénéité des cellules sur un substrat de 2 pouces. A partir d'expériences de PL réalisées sur le même échantillon, nous déterminons en effet une concentration de 25%.

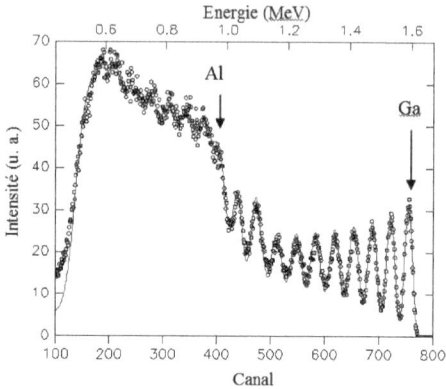

Figure III.16 *Mesure de RBS du miroir 1 (cercle), comparée au calcul théorique (ligne continue).*

Les interfaces des couches constituant le miroir de Bragg ont été observées par MET en section transverse (figure III.17). Les mesures d'épaisseurs tirées des images MET (34.2 nm pour (Al,Ga)N et 39.2 nm pour AlN) sont elles aussi en très bon accord avec les valeurs visées. On peut toutefois noter que sur les images MET, l'interface (Al,Ga)N sur AlN apparaît de façon moins nette que l'interface AlN sur (Al,Ga)N. Signalons que des résultats antérieurs obtenus dans le cas de la croissance de miroirs de Bragg AlN/GaN et (Al,Ga)N/GaN vont dans le même sens (dans ces cas, il s'agissait de croissance EJM avec une source plasma). Ng et al.[45] constatent que l'interface GaN sur AlN est plus abrupte et nette que l'interface AlN sur GaN; il explique ceci par une transition du mode de croissance 2D-3D de GaN sur AlN[46]. Dans le cas

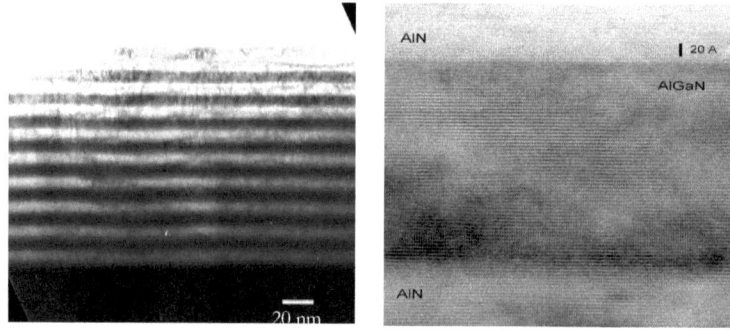

Figure III.17 *a) Image MET en section transverse du miroir A (partie non fissurée). b) Image MET haute résolution d'une interface $Al_{0.2}Ga_{0.8}N$/AlN (partie non fissurée).*

de miroir (Al,Ga)N/GaN, Fernàndez *et al.*[26] observent une diminution de l'intensité du diagramme de RHEED à la fin de la croissance de chaque couche d'(Al,Ga)N. L'étude par MET montre dans ce cas une interface (Al,Ga)N sur GaN plus raide que l'interface GaN sur (Al,Ga)N. Dans notre cas, nous n'observons pas de modification de l'intensité du diagramme de RHEED. Le caractère moins abrupt de l'interface (Al,Ga)N sur AlN que l'interface AlN sur (Al,Ga)N pourrait être dû à une rugosité plus forte de l'AlN que celle de l'(Al,Ga)N à l'échelle du nanomètre. Nous avons observé que la rugosité de l'alliage (Al,Ga)N à grande échelle diminue lorsque la teneur en aluminium augmente (chapitre II) ; mais la faible longueur de diffusion des atomes d'Al sur la surface de croissance, pourrait faire qu'à l'échelle nanométrique la rugosité de l'alliage (Al,Ga)N à forte teneur en aluminium soit plus importante.

Conclusion.

Au regard de ces résultats le seul point limitatif dans la réalisation de miroirs de Bragg destinés à des applications optoélectroniques est la présence de fissures puisque le contrôle des interfaces et de la composition ainsi que les propriétés optiques sont bonnes. Ce facteur est cependant très important car la zone active d'une microcavité épitaxié sur des miroirs fissurés est également craquée. De ce fait ses propriétés optiques, notamment pour des cavités massives (sans puits quantique) seront fortement dégradées (augmentation de l'élargissement inhomogène)[47]. De plus la présence de ces fissures rend impossible l'adressage électrique nécessaire à la réalisation de dispositifs optoélectroniques.

Revenons sur l'origine de ces fissures. Les contraintes dues à la différence de paramètres de maille des couches hétéroépitaxiées peuvent se relaxer par l'introduction de défauts tels que les dislocations, mais aussi par la génération de fissures. Les mécanismes de génération des fissures, contrairement à ceux de la relaxation par création de dislocations de désaccord, ne sont pas encore entièrement compris. Dans le cas des nitrures d'éléments III, la densité de dislocations élevée, les problèmes spécifiques liés à l'hétéroépitaxie ou encore les incertitudes sur les coefficients élastiques sont autant de paramètres qui rendent leurs modélisation et compréhension peu aisées.

L'approche analytique de la relaxation des contraintes que nous proposons et développons dans la partie suivante est basée sur l'étude et la réalisation de superréseaux nitrures pseudomorphiques épitaxiés sur une couche relaxée. Outre l'élimination des fissures, cette approche permet la réalisation de miroirs de Bragg avec une forte concentration en aluminium et donc un contraste d'indice plus élevé que les miroirs nitrures GaN/(Al,Ga)N traditionnels.

III.1.6.ii. Relaxation et contrôle de la contrainte dans les superréseaux.

Compte tenu du fort désaccord paramétrique de maille entre AlN et GaN, une hétéroépitaxie cohérente de miroir de Bragg nécessite une ingénierie de la croissance bien adaptée avec des films d'épaisseurs faibles (30-40 nm). La croissance cohérente d'un miroir de Bragg sur un substrat donné, réclame deux conditions : l'épaisseur de chaque couche du miroir doit être inférieure à sa propre épaisseur critique, et l'épaisseur totale du superréseau, correspondant à l'épaisseur du miroir de Bragg, doit rester elle aussi inférieure à son épaisseur critique caractéristique.

Epaisseur critique.

Lorsqu'un matériau est déposé sur un autre matériau de paramètre de maille différent, la différence de paramètre de maille peut être accommodée, si elle n'est pas trop importante et pour les faibles épaisseurs, par une déformation élastique du matériau épitaxié. Il y a donc concordance entre les deux réseaux dans le plan de l'interface, et on parle de croissance pseudomorphique. Lorsque l'épaisseur du film déposée augmente, l'énergie élastique emmagasinée dans celui-ci augmente linéairement jusqu'à une épaisseur dite épaisseur critique. Au-delà de cette épaisseur il devient énergétiquement plus favorable d'accommoder la différence de paramètre de maille en introduisant un réseau de dislocations ou/et de fissures.

Plusieurs modèles permettant d'évaluer l'épaisseur critique ont été publiés. Il est important de souligner que ces modèles concernent la croissance de matériaux cubiques selon l'axe [001]. Le modèle que nous avons utilisé est celui proposé par Fischer *et al.*[48] car il décrit relativement bien les résultats pour les structures à phase cubique tel que SiGe[49] mais aussi ceux concernant les systèmes à phase hexagonale tel que AlN/GaN[25,50]. Il s'agit d'un modèle à l'équilibre prenant en compte les interactions entre dislocations. L'épaisseur critique h_c déduite de ce modèle est donnée dans le cas de l'$Al_xGa_{1-x}N$ épitaxié sur GaN par (équation III.19):

$$\varepsilon(x) = \frac{b(x).\cos\alpha}{2h_c} \left(1 + \frac{1 - \frac{\upsilon(x)}{4}}{4\pi.\cos^2\alpha.(1+\upsilon(x))} . \ln\frac{h_c}{b(x)} \right) \qquad (III.19)$$

où ε(x) est la déformation subie par la couche épitaxiée, υ(x) le coefficient de poisson et b(x) la norme du vecteur de Burgers des dislocations. α est l'angle entre le vecteur de Burgers et la direction dans le plan de l'interface normale à la ligne de dislocation. Dans le cas des nitrures d'éléments III en phase hexagonal, α=60°. Ce modèle s'applique en théorie indifféremment à une contrainte en tension ou en compression. Les paramètres utilisés pour calculer l'épaisseur critique selon l'équation III.19, sont ceux présentés au chapitre I et au chapitre II. Le résultat de ce calcul est reporté sur la figure III.18. L'épaisseur critique d'$Al_xGa_{1-x}N$ épitaxiée sur GaN est tracée en fonction de la teneur x en aluminium et en fonction du désaccord de paramètre de maille ε(x) (Figure en insert).

Ce modèle donne des valeurs critiques plus faibles que celles déterminées expérimentalement (c'est également le cas de la plupart des modèles disponibles dans la littérature notamment celui de Matthews et Blakeslee[51]). La première raison est due aux paramètres intrinsèques du modèle (interaction entre dislocations, énergie de formation des dislocations...) qui sont mal connus. Mais les conditions de croissance (proche de l'équilibre thermodynamique ou non), et la rugosité de surface, sont aussi des paramètres qui conduisent à une divergence entre les valeurs expérimentales et théoriques. Ce désaccord est d'autant plus fort que le désaccord paramétrique est faible[25].

Pour une épaisseur déposée supérieure à l'épaisseur critique, le paramètre de maille varie de façon exponentielle en fonction de l'épaisseur déposée vers la structure d'équilibre du matériau. Nous avons également représenté sur la figure III.18 (symboles ↵, ○ et ◊) pour une concentration donnée, l'épaisseur d'un film d'(Al,Ga)N adéquat à la réalisation d'un miroir de Bragg centré dans le jaune (560 nm), bleu (450 nm) et UV (370 nm). Ces épaisseurs en $\lambda_0/4n$ sont calculées à partir des indices de réfraction de Brunner et al.[29]

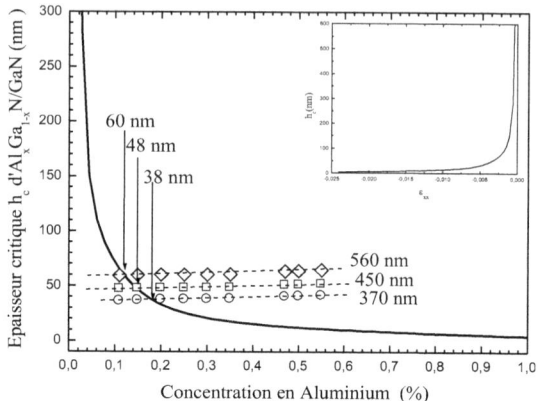

Figure III.18 *Epaisseur critique en fonction de la composition en aluminium x de l'alliage (Al,Ga)N d'après l'équation III.19. En insert a été reportée l'épaisseur critique en fonction du désaccord de maille pour (Al,Ga)N. Les épaisseurs $\lambda_0/4n$ pour des miroirs dans l'UV, le bleu et le jaune pour différentes compositions en aluminium sont représentées (symboles ڤ, ○ et ◊).*

Au regard de ce graphe, on note que :

- plus la longueur d'onde de travail sera élevée et plus la gamme de fraction molaire d'aluminium qui pourra être incorporée dans l'alliage (Al,Ga)N pour éviter la génération de dislocations de désaccord sera faible.
- dans le cadre de miroirs de Bragg GaN/(Al,Ga)N épitaxiés sur GaN, qui sont principalement destinés à des applications dans des gammes de longueur d'onde comprise entre 370 nm et 550 nm, la concentration en aluminium ne pourra pas dépasser les 18% dans le meilleur des cas (pour λ_0 = 370 nm). Le modèle proposé par Fischer et al.[48] est en très bon accord avec les résultats expérimentaux présentés par Schenk et al.[52] concernant les miroirs GaN/Al_xGa_{1-x}N (x=0.08 et 0.11) pseudomorphiques non craqués à une longueur d'onde de 543 nm. Cependant, le faible contraste d'indice, nécessitera un nombre important d'alternances pour obtenir une réflectance élevée et impliquera ainsi une faible bande d'arrêt du miroir.

Relaxation dans les superréseaux (P.H. Jouneau[53] et E. Kasper et al.[54]).

Si les couches successives d'un superréseau restent pseudomorphiques entre elles, l'état d'équilibre sera établi lorsque l'énergie élastique stockée sera minimale. Les couches A et B qui le constituent subissent alors une contrainte biaxiale (l'une en tension, l'autre en compression) et sont donc dans un état de déformation tétragonale avec pour paramètre moyen commun dans le plan a_0. L'énergie élastique par unité de surface emmagasinée dans le superréseau s'écrit (équation III.20) :

$$E = \sum \sigma \varepsilon L = N(\sigma^A \varepsilon^A L^A + \sigma^B \varepsilon^B L^B) \quad \text{avec} \quad \varepsilon^i = \frac{a_0 - a_i}{a_i} \quad \text{(III.20)}$$

où N est le nombre de période du superréseau, σ est la contrainte dans le plan, ε^i la déformation dans le plan, a_i le paramètre de maille dans le plan et L^i l'épaisseur de la couche i.

La contrainte et la déformation dans le plan sont liées par la relation (équation III.21) :

$$\sigma_{11} = \alpha \varepsilon_{11} \quad \text{avec} \quad \alpha = C_{11} + C_{12} - \frac{2C_{13}}{C_{33}} \quad \text{(III.21)}$$

En minimisant l'énergie élastique $\left(\frac{\partial E}{\partial a}\right)_{équilibre} = 0$ on obtient le paramètre de maille du superréseau à l'équilibre (équation III.22) :

$$a_0 = a_A a_B . \frac{\alpha_A L^A a_A + \alpha_B L^B a_B}{\alpha_A L^A a_B + \alpha_B L^B a_A} \quad \text{(III.22)}$$

Le superréseau se comporte donc comme un alliage de paramètre de maille a_0. On remarque ainsi que contrairement aux idées préconçues, le paramètre de maille à l'équilibre d'un superréseau n'est pas égal au paramètre de maille d'une couche de composition égale à la composition moyenne du superréseau (équation III.23):

$$a_0 \neq \frac{L^A a_A + L^B a_B}{L^A + L^B} \quad \text{(III.23)}$$

Toutefois, le calcul du paramètre de maille à l'équilibre d'un superréseau nitrures reste très proche du paramètre de maille d'une couche de composition égale à la composition moyenne du superréseau. L'écart entre les deux compositions ne dépassant pas les ±1%. Compte tenu de l'incertitude des valeurs des coefficients élastiques, nous considérerons que le paramètre de maille à l'équilibre d'un superréseau est identique au paramètre de maille d'une couche de composition égale à la composition moyenne du superréseau (à condition que les épaisseurs L^A et L^B soient du même ordre de grandeur).

Si la croissance du superréseau est réalisée sur une couche dont le paramètre de maille dans le plan est identique au paramètre de maille moyen du superréseau, la croissance reste pseudomorphique et le superréseau ne subit aucune contrainte. S'il existe un désaccord de paramètre de maille entre le superréseau et la couche qui sert de substrat, celui-ci relaxera si l'épaisseur est supérieure à l'épaisseur critique. La réalisation d'un superréseau parfaitement pseudomorphique sur une couche massive n'est possible bien évidemment que si l'épaisseur de chaque couche le constituant reste en dessous de sa propre épaisseur critique.

Contrôle de la contrainte dans les superréseaux.

Nous présentons ici un moyen de contrôler la contrainte dans les superréseaux en développant le principe de relaxation de couches minces et de superréseaux présenté au paragraphe précédent. Le but est de réaliser des miroirs de Bragg, dont chaque couche reste parfaitement pseudomorphique sur la couche précédente pour éviter la génération de dislocations source de détérioration structurale. De ce fait celles-ci doivent avoir une épaisseur inférieure à leur propre épaisseur critique. L'épaisseur totale du miroir de Bragg ne doit pas également dépasser l'épaisseur critique du superréseau constitué de l'alternance des couches. Supposons que nous disposons d'un pseudo-substrat d'$Al_yGa_{1-y}N$ parfaitement relaxé de paramètre de maille a_s. Si nous épitaxions sur celui-ci un miroir de Bragg, dont le paramètre de maille moyen est le même que a_s, nous répondons déjà à une des conditions pour que le superréseau soit pseudomorphe. Supposons maintenant que la longueur d'onde de travail du miroir de Bragg soit λ_0. Si les couches du miroir répondent au critère optique $d_i=\lambda_0/4n_i$ et au critère de croissance pseudomorphique $d_i<h_{ci}$ alors toutes les conditions sont réunies pour épitaxier un miroir de Bragg parfaitement contraint centré sur la longueur d'onde λ_0. La couche d'$Al_yGa_{1-y}N$ peut être vue, par le miroir, comme un substrat virtuel et en théorie, le miroir conserve son caractère pseudomorphique quelque soit le nombre d'alternances.

Le cas le plus généralement présenté dans la littérature est typiquement celui d'un pseudo-substrat GaN sur lequel un miroir de Bragg GaN/(Al,Ga)N est épitaxié tel que la couche d'(Al,Ga)N soit inférieure à son épaisseur critique. De ce fait comme nous l'avons présenté au paragraphe précédent, le contraste d'indice est faible puisque la concentration en aluminium pour conserver le caractère pseudomorphique doit être faible (dans le cas d'un miroir centré à 450 nm, la concentration ne pourra pas excéder 18%).

Nous calculons, maintenant l'épaisseur critique selon l'équation III.19, en considérant cette fois si que le substrat est une couche relaxée d'$Al_{0.1}Ga_{0.9}N$. Le résultat de ce calcul est reporté sur la figure III.19. L'épaisseur critique d'un film d'$Al_xGa_{1-x}N$ épitaxié sur $Al_{0.1}Ga_{0.9}N$ est tracée en fonction de la teneur x en aluminium. Ainsi, d'après ce calcul, il serait possible de réaliser pour une longueur d'onde de 450 nm des miroirs pseudomorphiques $GaN/Al_xGa_{1-x}N$ avec une teneur en aluminium inférieure à 27%. Cette teneur serait respectivement de 24% et 29%, pour des miroirs centrés à 550 nm et 370 nm. Ce calcul montre que pour des compositions en aluminium inférieures à 10%, l'épaisseur des lames d'$Al_xGa_{1-x}N$ nécessaires

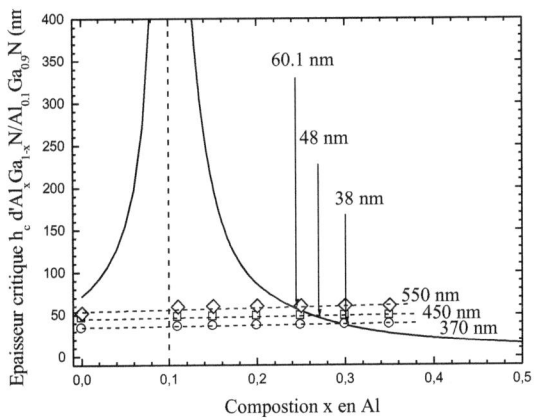

Figure III.19 *Epaisseur critique en fonction de la composition en aluminium x de l'alliage (Al,Ga)N épitaxié sur une couche relaxée d'$Al_{0.1}Ga_{0.9}N$ d'après l'équation III.19. Les épaisseurs $\lambda_0/4n$ pour des miroirs dans l'UV, Le bleu et le jaune pour différentes compositions en aluminium sont représentées.*

pour la réalisation de miroirs sélectifs est très inférieure à leur épaisseur critique. De ce fait, il semble intéressant de refaire un tel calcul pour un pseudo-substrat dont la teneur en aluminium est supérieure à 10%. Le résultat du calcul de l'épaisseur critique d'un film d'$Al_xGa_{1-x}N$ épitaxié sur un pseudo-substrat d'$Al_{0.25}Ga_{0.75}N$ est tracé en fonction de la teneur x en aluminium (figure III.20). Ce résultat prédit que des miroirs de Bragg $Al_{0.05}Ga_{0.95}N/Al_{0.43}Ga_{0.57}N$, $Al_{0.10}Ga_{0.90}N/Al_{0.40}Ga_{0.60}N$ et $Al_{0.12}Ga_{0.88}N/Al_{0.38}Ga_{0.62}N$ destinés respectivement à des applications à des longueurs d'ondes de 370 nm, 450 nm et 550 nm, peuvent être épitaxiés pseudomorphiquement sur un substrat virtuel d'$Al_{0.25}Ga_{0.75}N$. En pratique, c'est le type d'application (DELs-CR, microcavité pour couplage fort, photodétecteurs.....) qui impose les spécifications de l'hétérostructure. C'est-à-dire, la longueur d'onde d'application, la teneur en

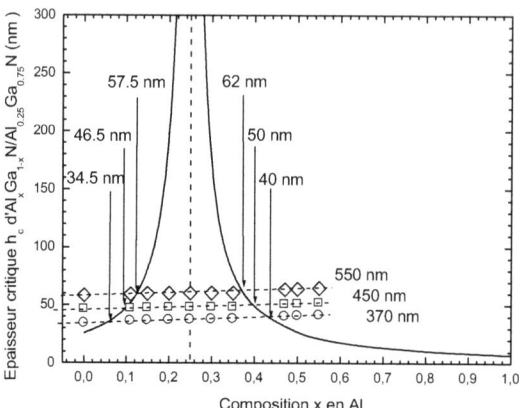

Figure III.20 *Epaisseur critique en fonction de la composition en aluminium (x) de l'alliage (Al,Ga)N épitaxié sur une couche relaxée d'$Al_{0.25}Ga_{0.75}N$ d'après l'équation III.19. Les épaisseurs $\lambda_0/4n$ pour des miroirs dans l'UV, le bleu et le jaune pour différentes compositions en aluminium sont représentées.*

aluminium, l'épaisseur des couches, la réflectance et donc par conséquent la teneur en aluminium du pseudo-substrat. De ce fait, il est plus approprié de choisir un pseudo-substrat dont la teneur en aluminium correspond au paramètre moyen du miroir de Bragg et vérifier ensuite si les spécificités du miroir de Bragg (épaisseurs et compositions) permettent une épitaxie pseudomorphique ou non.

Ainsi, si nous prenons comme exemple un miroir de Bragg $Al_{0.2}Ga_{0.8}N$(47.1nm)/GaN(45nm) centré à 450 nm, la procédure que nous utilisons est la suivante:

- on calcule le paramètre de maille moyen du superréseau. Un tel calcul donne un paramètre de maille de 3.1815 soit l'équivalent d'une couche d'(Al,Ga)N avec une teneur en aluminium comprise entre 9 et 10%. Par commodité, on peut considérer que le paramètre de maille à l'équilibre du superréseau est égal au paramètre de maille d'une couche de composition égale à la composition moyenne du superréseau, soit un paramètre de maille a équivalent à une teneur en aluminium de 10%.
- en utilisant le calcul présenté sur la figure III.19, on vérifie si les épaisseurs adéquates des lames d'$Al_{0.2}Ga_{0.8}N$ et GaN permettent au miroir de garder un caractère pseudomorphique. Dans ce cas bien précis, avec une couche pseudo-substrat relaxée d'$Al_{0.1}Ga_{0.9}N$, le caractère pseudomorphique est conservé jusqu'à une teneur en aluminium de 27%.

Un tel miroir, formé par une alternance $Al_{0.2}Ga_{0.8}N/GaN$, a été épitaxié et ses propriétés seront présentées dans la section suivante.

III.1.7. Utilisation d'un pseudo-substrat pour la croissance de miroirs sélectifs à base d'(Al,Ga)N non fissurés sur substrat de saphir.

III.1.7.i. Condition de croissance des miroirs sélectifs non fissurés.

La croissance de miroirs de Bragg utilisant un substrat virtuel ne pose pas de problème particulier. La croissance est initiée sur un substrat de saphir par une couche tampon GaN réalisée à basse température[55] suivit d'une couche épaisse de GaN de l'ordre de 1.5-2 µm. Pour optimiser la croissance du miroir de Bragg, le pseudo-substrat ne doit pas être fissuré et doit avoir un taux de relaxation maximum. Pour cela nous insérons une couche d'AlN d'environ 0.45 µm avant la croissance la couche d'(Al,Ga)N relaxée. La variation du paramètre de maille dans le plan, mesurée par RHEED, indique que la couche d'AlN est relaxée[56]. L'épaisseur de la couche d'(Al,Ga)N est de l'ordre de 1.25 µm de telle sorte qu'on estime qu'elle est relaxée. La croissance du miroir de Bragg GaN/(Al,Ga)N est alors amorcée. La structure typique d'un tel miroir est représentée sur le figure III.21. Rappelons que la teneur en aluminium "y" est égale à la moitié de la teneur en aluminium "x".

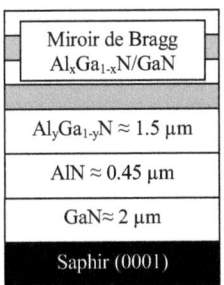

Figure III.21 *Représentation schématique des miroirs de Bragg A1, A2, A3 dont les caractéristiques sont présentées dans le tableau III.2.*

Nous présentons à titre d'exemple les caractéristiques (teneur en aluminium des couches d'(Al,Ga)N, nombre de bicouches, longueur d'onde de travail, réflectance, largeur de la bande d'arrêt Δλ et contraste d'indice Δn) de trois miroirs A1, A2 et A3 dans le tableau III.2.

Echantillon	A1	A2	A3
x	0.20	0.50	0.50
y	0.10	0.25	0.25
Nombre de bicouches	15	8	6
Longueur d'onde de travail (nm)	448	449	558
Réflectance	0.62	0.69	0.53
$\Delta\lambda$(nm)	26	49	88
Δn (à la longueur d'onde de travail)	0.09	0.232	0.208

Tableau III.2 *Propriétés des miroirs de Bragg présentés dans ce paragraphe. "x" et "y" sont respectivement la concentration de la couche d'(Al,Ga)N du miroir de Bragg et la concentration du pseudo-substrat.*

L'analyse aussi bien par microscope optique que par microscope électronique à balayage de tels miroirs met en évidence l'absence totale de fissures sur la totalité de la surface du substrat de 2 pouces. Les surfaces de miroir GaN/Al$_{0.2}$Ga$_{0.8}$N (15 bicouches) et GaN/Al$_{0.5}$Ga$_{0.5}$N (8 bicouches) sont présentées sur la figure III.22. On remarque que comme dans le cas des couches épaisses d'(Al,Ga)N, la rugosité de surface est plus faible pour le miroir à forte composition en aluminium.

Figure III.22 *a) Images MEB de la surface de miroirs de Bragg GaN/Al$_{0.2}$Ga$_{0.8}$N et b) GaN/Al$_{0.5}$Ga$_{0.5}$N.*

III.1.7.ii. Propriétés optiques et structurales.

Propriétés optiques.

La figure III.23, montrent les spectres de réflectivité à température ambiante des miroirs A1, A2 et A3 présentés précédemment. Il est difficile pour le miroir A3, par sa faible réflectivité de 53%, de parler au sens propre du terme de largeur de bande d'arrêt et surtout de

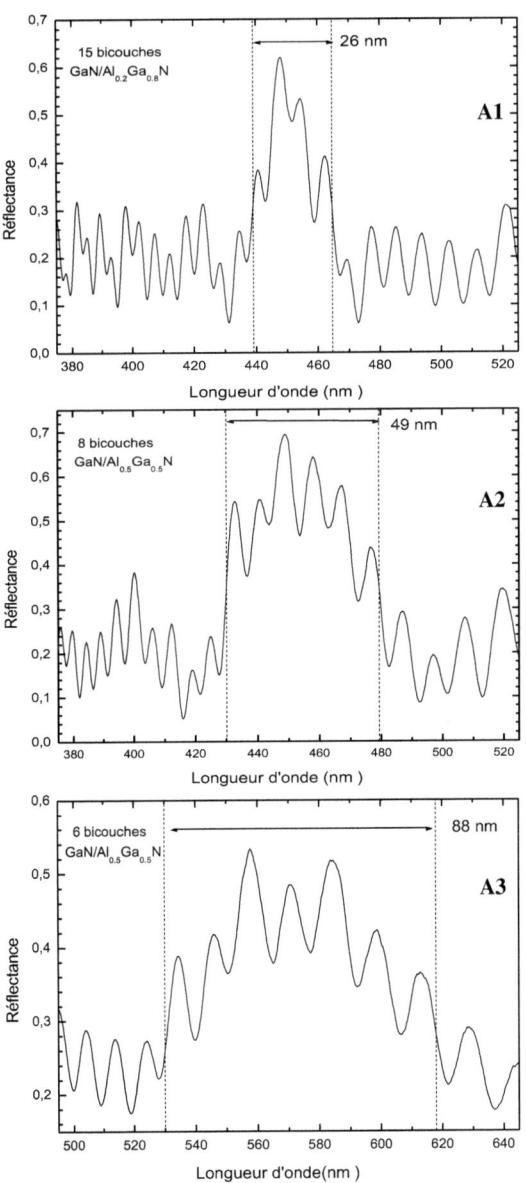

Figure III.23 *Spectres de réflectivité des miroirs A1, A2 et A3. Les lignes pointillées indiquent la largeur de la bande d'arrêt des miroirs.*

faire des comparaisons avec les miroirs A1 et A2 qui ont une réflectivité plus élevée. Néanmoins, l'élément important qu'il faut retenir, est la possibilité de réaliser dans le jaune des miroirs de Bragg avec un nombre de bicouches faible, en l'occurrence 6, et des réflectivités suffisantes pour renforcer l'extraction des photons dans le jaune dans une DEL blanche monolithique telle que celles qui ont été développées au laboratoire[57].

Les spectres de réflectivité sont modulés par la présence d'interférences dont l'origine provient de la cavité relativement épaisse (≈3.5 µm) formée par les couches entre le miroir de Bragg et le substrat (voir figure III.21). Leur présence indique que les interfaces entre les différentes couches préalables à la croissance du miroir de Bragg sont abruptes. La figure III.24, montre le spectre de réflectivité expérimental du miroir A2 ainsi que sa simulation. Nous avons également reporté le résultat du calcul de la réflectivité sans les couches intermédiaires. Nous montrons ainsi que le spectre correspondant au seul empilement substrat+miroir de Bragg possède la même largeur de bande d'arrêt que le spectre expérimental et que cette valeur n'est pas un artefact dû aux interférences dans la structure sous-jacentes au miroir. En revanche, la réflectance mesurée est légèrement inférieure à celle prévue. Ce désaccord peut être difficilement expliqué par une éventuelle erreur commise sur les indices de réfraction car les bandes d'arrêt simulées et expérimentales sont en bon accord. On peut donc penser que cette différence est due à des pertes par diffraction ou diffusion de la lumière sur des défauts. La concomitance entre les interférences expérimentales et simulées pour les longueurs d'ondes

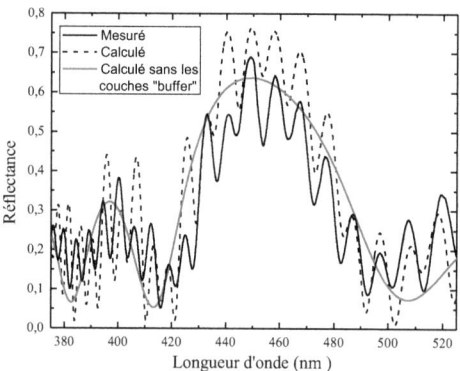

Figure III.24 *Mesure de réflectivité du miroir A2 (trait continu), comparée au calcul théorique (trait discontinu). Nous avons reporté le calcul de la réflectivité ne tenant compte que du substrat et du miroir de Bragg (en gris).*

supérieures à 420 nm est très bonne. Le léger décalage observé à haute énergie peut-être attribué à l'effet de la contrainte sur l'indice optique. Les indices de réfraction utilisés, dans ce cas ceux de Brunner et al.[29], sont issus de couches partiellement relaxées. Dans notre cas, le pseudo-substrat d'$Al_{0.25}Ga_{0.75}N$ soumet les couches d'$Al_{0.5}Ga_{0.5}N$ (GaN) du miroir à une contrainte en tension (compression). L'indice de réfraction dépendant fortement de l'état de contrainte au voisinage de l'énergie de bande interdite, nous pouvons considérer que la valeur de l'indice de réfraction utilisé dans le modèle matriciel est légèrement erronée ce qui induit de ce fait un léger décalage à haute énergie sur le spectre de réflectivité.

Propriétés structurales.

Pour évaluer la qualité structurale de ces miroirs nous avons étudié le miroir A2 par RBS et par MET. Ces analyses montrent que le caractère abrupt des interfaces, ainsi que le contrôle des épaisseurs et de la composition des différents alliages (Al,Ga)N ne sont pas altérés par la structure de balancement de la contrainte. La figure III.25 représente le spectre RBS en mode aléatoire du miroir A2 ainsi que sa simulation. Contrairement au miroir A (figure III.16), l'intensité du signal du gallium ne diminue pas, ce qui signifie qu'il n'y pas de phénomènes de "straggling". Les épaisseurs des couches constituant le miroir déterminées par cette technique

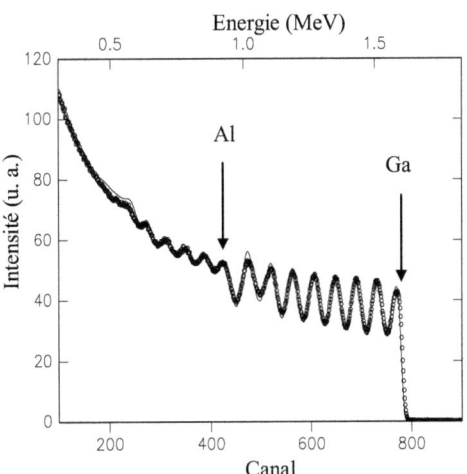

Figure III.25 *Mesure de RBS du miroir A2 (cercle), comparée au calcul théorique (ligne continue).*

sont de 47.0 nm pour (Al,Ga)N et 40 nm pour GaN (avec une précision de ± 5 nm) pour des épaisseurs visées de 50.4 nm pour (Al,Ga)N et de 45.0 nm pour GaN. La concentration d'aluminium mesurée est de 42%. L'écart en concentration et en épaisseur entre les valeurs mesurées et celle visées vient, cette fois aussi, du gradient de composition dû à l'inhomogénéité du cône d'effusion des cellules utilisées sur un substrat de 2 pouces. Lorsque nous déduisons la concentration des spectres de PL sur le même échantillon étudié en RBS, nous trouvons également une concentration en Al de 42%.

La figure III.26 a) présente l'image MET en section transverse du miroir A2. Les interfaces GaN/AlN et AlN/$Al_{0.25}Ga_{0.75}N$ sont lisses et semblent être abruptes. On n'observe pas de génération de dislocation à l'interface $Al_{0.25}Ga_{0.75}N$/miroir de Bragg, contrairement à l'interface AlN/$Al_{0.25}Ga_{0.75}N$. En agrandissant la zone correspondant aux alternances du miroir de Bragg (figure III.26 b)), le caractère plan des interfaces est confirmé. On peut ainsi déterminer précisément les épaisseurs des couches constituant le miroir et constater l'excellente reproductibilité pour chaque alternance. On mesure alors une épaisseur de 47.5 nm pour l'$Al_{0.5}Ga_{0.5}N$ et 45 nm pour GaN. Rappelons que les épaisseurs visées étaient 50.4 nm pour (Al,Ga)N et de 45.0 nm pour GaN et soulignons que le morceau étudié en MET n'est pas celui utilisé pour la mesure par RBS. Une mesure en MET de la densité de dislocations montre que celle-ci est de 6.7×10^9, soit du même ordre de grandeur qu'une couche épaisse de GaN épitaxiée par EJM sur un substrat de saphir qui est de 5.0×10^9 [58]. L'introduction des couches d'AlN, d'$Al_{0.5}Ga_{0.5}N$ et du miroir de Bragg n'a donc pas un effet important sur la densité de dislocation comme on aurait pu le craindre.

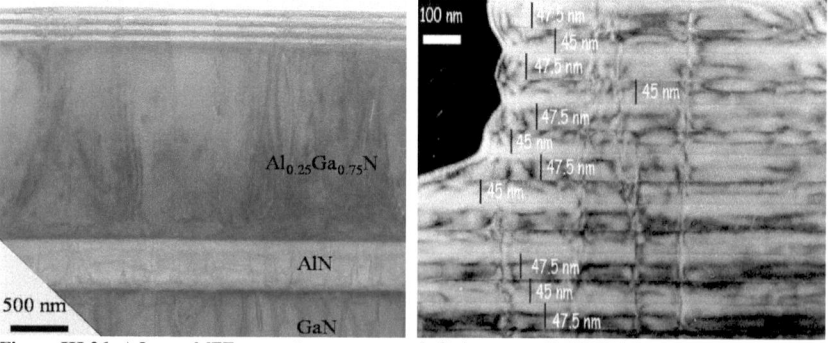

Figure III.26 *a) Image MET en section transverse de l'alternance GaN/AlN/$Al_{0.25}Ga_{0.75}N$ du miroir A2. b) Image MET en section transverse du miroir de Bragg A2.*

A titre de comparaison, nous montrons, sur la figure III.27, le spectre de réflectivité d'un miroir de Bragg constitué de 4 bicouches de AlN/GaN (miroir A4), épitaxié dans les mêmes conditions que les miroirs de Bragg présentés dans cette partie. Dans ce cas, l'épaisseur des couches de GaN et d'AlN sont de 46.2 nm et 53.4 nm. De ce fait, l'épaisseur critique est dépassée et le miroir n'est pas pseudomorphique. L'observation par microscopie optique révèle cependant la présence d'un réseau de fissures sur la totalité de la surface de l'échantillon. Ce spectre met en évidence qu'une réflectance relativement élevée (52%) peut être obtenue avec seulement 4 bicouches. La largueur de la bande d'arrêt est de 80 nm, pour un contraste d'indice Δn égal à 0.339. Mais comme dans le cas du miroir A3, il est difficile de conclure sur l'importante de cette largeur de bande d'arrêt, car la réflectance n'est que de 52%.

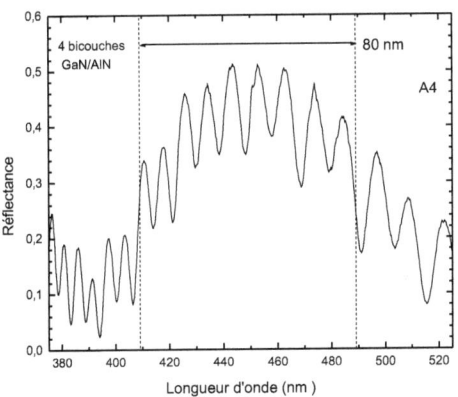

Figure III.27 *Spectre de réflectivité d'un miroir AlN/GaN (miroir A4) constitué de 4 bicouches. Les lignes délimitent la largeur de la bande d'arrêt du miroir.*

Caractérisation par diffraction de rayons X.

Ces quatre échantillons (A1, A2, A3 et A4) ont été étudiés par diffraction de rayons X afin d'analyser leur état de contrainte et ainsi de vérifier ou non le caractère pseudomorphique des miroirs de Bragg par rapport au pseudo-substrat. La figure III.28 montre une carte du réseau réciproque au voisinage de la raie (-105) des échantillons A2 (miroir non fissuré) et A4 (miroir fissuré). Le paramètre de maille dans le plan est représenté par l'axe Q_{100} et le paramètre de maille le long de l'axe de croissance par l'axe Q_{001}. D'une façon générale on peut relier l'espace réciproque à l'espace réel par la relation suivante (équation III.24):

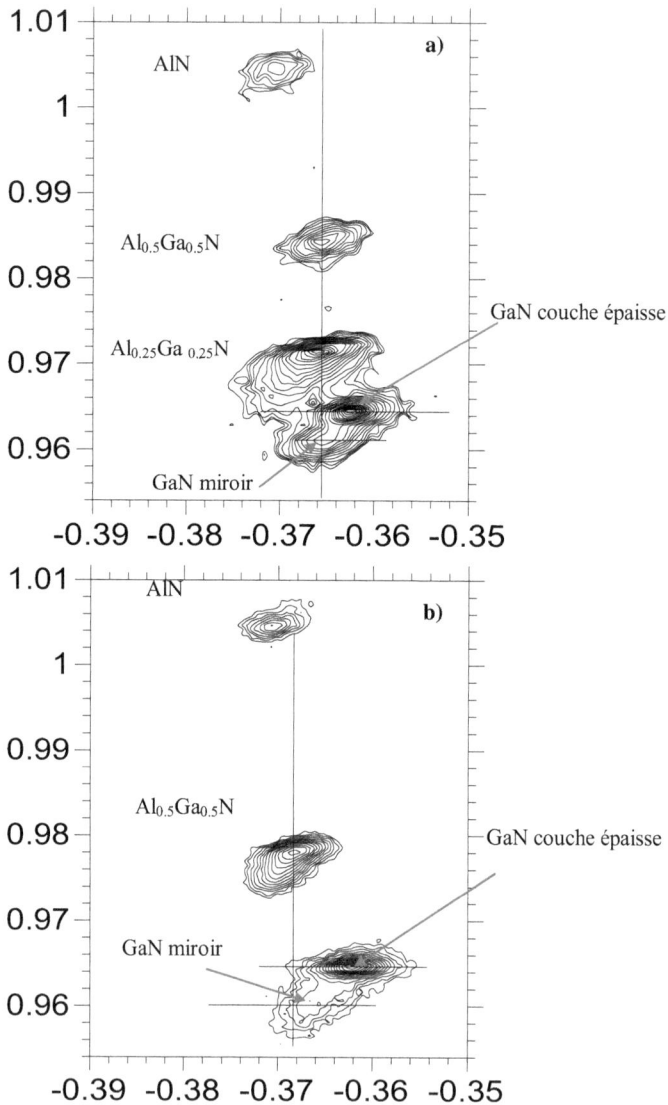

Figure III.28 *a) Carte du réseau réciproque du miroir non fissuré A2 et b) du miroir fissuré A4 au voisinage de la raie asymétrique (-105).*

$$Q_{100} = 2/\sqrt{3}.a^{-1} \quad \text{et} \quad Q_{001} = 5.c^{-1} \quad \text{(III.24)}$$

Sur la figure III.28 a) on distingue trois pics parfaitement alignés dans la direction verticale associés aux couches de GaN et d'$Al_{0.5}Ga_{0.5}N$ constituant le miroir de Bragg et à la couche d'$Al_{0.25}Ga_{0.75}N$ correspondant au pseudo-substrat ce qui indique que ces couches ont le même paramètre de maille dans le plan. Ainsi ce résultat montre que le miroir GaN/$Al_{0.5}Ga_{0.5}N$ est donc épitaxié de manière pseudomorphique sur la couche d'$Al_{0.25}Ga_{0.75}N$. On observe également sur ce graphe la couche épaisse de GaN épitaxié immédiatement au-dessus du substrat de saphir ainsi que la couche d'AlN. Les cartographies de l'espace réciproque au voisinage de la raie (-105) des échantillons A1 et A3 mènent aux mêmes observations et conclusions que celles pour l'échantillon A2.' Les miroirs GaN/$Al_{0.2}Ga_{0.8}N$ (échantillon A1) et GaN/$Al_{0.5}Ga_{0.5}N$ (échantillon A3) sont épitaxiés de manière pseudomorphiques sur les couches épaisses respectivement d'$Al_{0.1}Ga_{0.9}N$ et d'$Al_{0.25}Ga_{0.75}N$.

En revanche pour le miroir AlN/GaN épitaxié sur une couche d'$Al_{0.5}Ga_{0.5}N$ (échantillon A4), nous n'observons pas de coïncidence entre les pics d'AlN, de GaN et d'$Al_{0.5}Ga_{0.5}N$. Les couches du miroir ne sont donc pas épitaxiées de manière pseudomorphiques sur le pseudo-substrat et sont partiellement relaxées. En effet, les épaisseurs critiques de couches d'AlN et de GaN épitaxiées sur une couche d'$Al_{0.5}Ga_{0.5}N$ sont, d'après l'équation III.19, d'environ 11.6 nm, qui sont très inférieures à celles utilisées pour le miroir, 46.2 nm pour GaN et 53.4 nm pour AlN. Ce résultat pourrait donc expliquer le fait que ce miroir soit fissuré.

Nous avons déterminé à partir de ces cartographies les compositions en Al des différents alliages constituant les miroirs A2 et A4. Nous faisons les hypothèses (paragraphe II.1.2) que nos couches sont en contrainte purement biaxiale, les paramètres de maille relaxés de l'(Al,Ga)N suivent la loi de Végard et $\varepsilon_{zz}/\varepsilon_{xx}=0.5 \forall x$. Nous déduisons des cartographies pour le miroir A2, des compositions en Al "x" de 25% et "y" 48%, ce qui est en bon accord avec les compositions visées, 25% et 50% et pour le miroir A4, une composition en Al "x" de 44%, pour une composition visée de 50%.

Conclusion.

Nous avons montré qu'en jouant sur les mécanismes de relaxation et la maîtrise de la contrainte, il était possible d'épitaxié de manière pseudomorphique des miroirs de Bragg GaN/(Al,Ga)N non fissurés sur une couche dont le paramètre de maille dans le plan est identique au paramètre moyen du miroir de Bragg. Outre l'élimination des fissures, cette approche permet la réalisation de miroirs de Bragg avec une concentration en aluminium allant jusqu'à 50% et des réflectivités élevées. Nous avons ainsi montré par cette procédure qu'il était possible d'augmenter significativement la concentration en Al de 30% à 50% dans des miroirs de Bragg non fissurés par rapport aux miroirs GaN/(Al,Ga)N traditionnels réalisés par EJM.

III.2. Diodes électroluminescentes à cavité résonante (DELs-CR).

Le rendement quantique d'extraction d'une DEL est limité naturellement par l'indice de réfraction élevé du matériau semiconducteur qui la compose. Le but d'une DEL à cavité résonante, comme cela a été décrit dans la section III.1.4 de ce manuscrit, permet de modifier le diagramme d'émission interne de la source lumineuse, de manière à ce que la lumière aille préférentiellement dans la direction normale à la surface. L'étude décrite ci-dessous s'inscrit dans le cadre d'une amélioration des performances en terme de puissance et de monochromaticité des diodes électroluminescentes à base de nitrures d'éléments III, en introduisant des miroirs de Bragg à forte concentration en aluminium. Il s'agit ici de montrer l'intérêt potentiel de ce type de miroir dans des dispositifs optoélectroniques.

III.2.1. Réalisation de diodes électroluminescentes (DELs) à cavité résonante émettant à 450 nm.

Notre étude porte sur la réalisation d'une diode à cavité résonante émettant à 450 nm et par le substrat de saphir. Pour que l'émission d'une DEL-CR se fasse principalement dans une direction (par exemple ici vers l'arrière), les miroirs ne doivent pas être identiques. Un miroir à très forte réflectance sera utilisé à l'avant et un miroir à plus faible réflectance à l'arrière. La structure de la DEL-CR est donnée par la figure III.29. Nous avons opté pour une technologie planaire utilisant le miroir de Bragg $Al_{0.5}Ga_{0.5}N$/GaN (échantillon A2) en face arrière dont la réflectance est inférieure au miroir métallique, à base de nickel et d'argent, en face avant, pour favoriser l'extraction par le substrat. La réflectance du miroir de Bragg est de 69%.

Généralement, dans une diode électroluminescente à base de nitrures d'éléments III le contact de type p est constitué par une électrode semi-transparante en Ni/Au. Dans notre cas, une fine couche de Ni, puis un film en Ag d'une épaisseur de 200 nm, déposées par évaporation par effet joule, jouent le rôle à la fois du contact de type p et du miroir métallique. Il est difficile de donner un ordre de grandeur du coefficient de réflexion à l'interface p-GaN et Ni-Ag, car celui-ci est très dépendant de l'épaisseur de Ni qui est absorbant dans cette gamme de longueur d'onde et de la qualité de l'interface (p-GaN)-(Ni-Ag). Néanmoins une valeur de 70 à 80 % est raisonnable. La zone active est constituée par 5 puits d'$In_{0.15}Ga_{0.85}N$, d'épaisseur 2.5 nm, et de barrières de GaN d'épaisseur 7.5 nm. La concentration en magnésium pour la couche dopée p est de $3*10^{17}$ cm^{-3} et pour la couche dopée n, la concentration en silicium est de $3*10^{18}$ cm^{-3}.

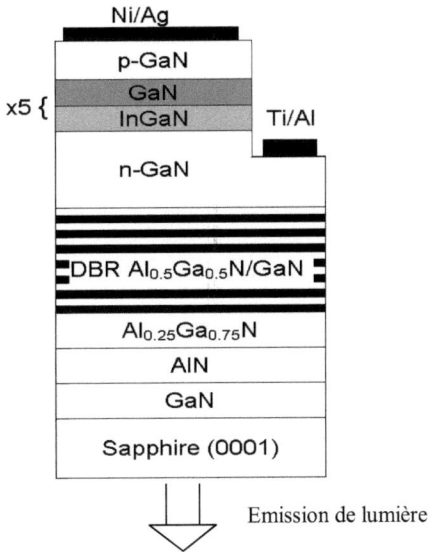

Figure III.29 *Représentation schématique de la DEL-CR étudiée dans cette section.*

Le spectre d'électroluminescence (EL) correspondant à la structure DEL-CR est présenté sur la figure III.30, il est centré autour de 450 nm. Il faut noter que les mesures, que ce soit de réflectivité ou d'électroluminescence sont très dissemblables en différents endroits de la couche épitaxiale, ce qui est la conséquence de l'inhomogénéité en épaisseur et en concentration sur un rayon du substrat. Nous avons également reporté sur la figure III.30, le spectre de réflectivité.

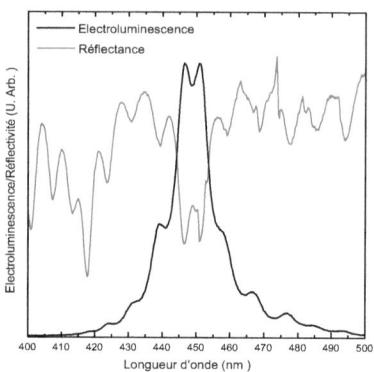

Figure III.30 *Spectre d'électroluminescence (en noir) et de réflectivité (en gris) de la DEL-CR en face arrière à température ambiante.*

(Ces deux spectres ont été réalisés à la même position). Le spectre de réflectivité met en évidence un mode de cavité localisé au centre de la bande d'arrêt. Ce mode correspond exactement à la longueur d'onde d'émission du pic d'EL. Un point tout a fait remarquable est la parfaite symétrie entre les interférences de réflectivité et d'EL, qui montre que c'est bien l'effet de cavité qui gouverne l'émission de la structure.

La figure III.31 montre l'évolution de l'EL le long du rayon d'un substrat de 2 pouces. La longueur d'onde d'émission des puits quantiques (In,Ga)N/GaN varie de 448 nm (centre) à 482 nm (bord). Cette très forte inhomogénéité provient du gradient d'épaisseur le long d'un rayon (le four de croissance est inhomogène à la température de croissance de l'(In,Ga)N ($\approx 600°C$)). Au contraire le miroir de Bragg est beaucoup plus homogène et la longueur d'onde du mode de la cavité est centré autour de 450 nm et varie très peu. On constate qu'à mesure que la longueur d'onde d'émission se rapproche du mode de la cavité, on a un renforcement de l'émission à 450 nm et un affinement de la largeur de raie d'électroluminescence. En fait en se rapprochant du centre, on accorde l'émission des puits avec le mode de cavité, et on obtient ainsi un effet de cavité.

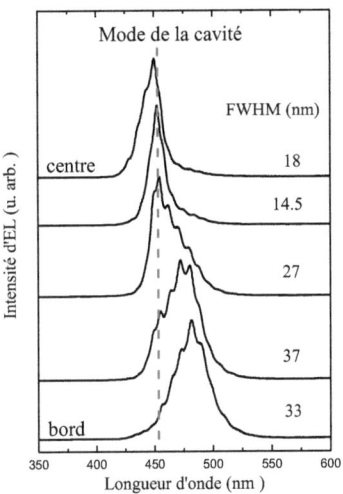

Figure III.31 *Evolution du spectre d'électroluminescence de la DEL-CR en fonction de la position sur le substrat.*

III.2.2. Evaluation du rendement lumineux et comparaison avec une DEL classique.

Nous avons reporté sur la figure III.32, le spectre d'EL de la DEL-CR ainsi que celui d'une DEL (In,Ga)N/GaN réalisée au laboratoire avec les mêmes conditions de croissance et émettant à 450 nm. La largeur typique de la raie d'émission d'une DEL standard telle que celle présentée ici est de 25-30 nm alors qu'elle n'est que de 11,5 nm pour la DEL à cavité. Ainsi, comme nous l'attendions, le spectre d'émission est modifié par le confinement optique produit par les deux miroirs.

Nous estimons maintenant la puissance de cette DEL-CR ainsi que son rendement lumineux. La puissance est mesurée avec une photodiode Si calibrée. Le rendement quantique externe η_{ext} (η_{ext} = (nombre de photons détectés)/(nombre d'électrons injectés)) ainsi que la puissance de sortie en fonction du courant ont été mesurés. Une puissance de 72 μW à 20 mA est ainsi mesurée ce qui est 2.4 fois plus important que les meilleurs DELs réalisés par EJM au laboratoire émettant à la même longueur d'onde. On constate également une diminution importante du rendement quantique externe pour les forts niveaux d'injection (10 mA) probablement due aux effets d'échauffements générés par la non optimisation du contact de type p pour l'injection électrique et une trop grande résistivité du contact de type n. Comme le

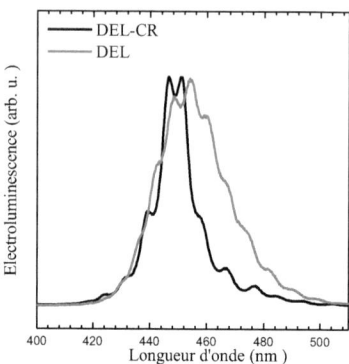

Figure III.32 *Comparaison du spectre d'électroluminescence de la DEL-CR et d'une DEL (In,Ga)N/GaN réalisée entièrement par EJM.*

montre la figure III.33, les caractéristiques électriques, courant en fonction de la tension, sont fortement dégradées par rapport à une DEL standard. La résistance série est augmentée d'un facteur 10. La cause en est très certainement l'épaisseur très fine du GaN de type n et le contact métallique non optimisé sur le GaN de type p. Une des solutions envisagée pour améliorer les caractéristiques I(V) serait d'augmenter l'épaisseur de la cavité. Ceci ce ferait néanmoins au détriment du rendement quantique externe qui est inversement proportionnel à l'ordre de la cavité. Le dépôt du contact de type n sous le miroir de Bragg pourrait être une solution, mais il ne serait possible que dans le cas de miroir de Bragg avec des compositions relativement faibles afin de pouvoir réaliser un dopage efficace des couches d'(Al,Ga)N le constituant.

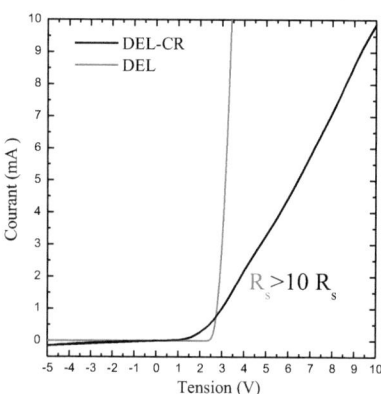

Figure III.33 *Comparaison des caractéristiques courant-tension de la DEL-CR et de DEL de référence.*

Conclusion.

Les diodes électroluminescences à cavité résonnante bleues réalisées à partir de miroirs de Bragg à forte composition en aluminium présentent des puissances de sortie supérieures à celles des diodes conventionnelles réalisées par EJM au laboratoire émettant à la même longueur d'onde. Ceci met en valeur aussi bien la qualité structurale que les propriétés optiques des miroirs de Bragg $Al_{0.5}Ga_{0.5}N/GaN$.

III.3. Microcavités pour l'étude du couplage lumière-matière.

Dans le cas d'un semiconducteur massif, l'invariance par translation de la structure, permet de définir un vecteur d'onde relatif au mouvement du centre de masse de l'exciton. Ce vecteur d'onde décrit un quasi-continuum de valeurs. Le champ électromagnétique étant lui aussi invariant par translation, les modes optiques peuvent ainsi se coupler avec un état excitonique ayant la même énergie et le même vecteur d'onde pour former une quasi-particule, le polariton. Dans ce cas l'interaction avec ces deux continuums d'états, de type exciton et photon, se ramène à l'interaction d'un exciton et d'un photon. L'interaction entre les excitons que ce soit dans un matériau massif ou dans un puits quantique "nu"[†], avec une onde lumineuse a été étudiée par le passé[59,60]. Néanmoins les vibrations mécaniques du cristal, les impuretés ou la surface de l'échantillon, font qu'il est difficile d'observer des polaritons dans des semiconducteurs massifs. L'introduction d'un semiconducteur massif dans une microcavité de type Fabry-Perot permet de quantifier le polariton et ainsi rendre son observation plus aisée[61]. Dans le cas de puits quantiques nus, le mouvement des porteurs (excitons, électrons et trous) est confiné le long de l'axe z de croissance, c'est-à-dire qu'il y a quantification du mouvement selon z, alors que dans le plan des couches, il reste libre et est décrit par un vecteur d'onde bidimensionnel. Dans ce cas, chaque état excitonique est en couplage faible avec un continuum de modes électromagnétiques. Pour obtenir le couplage fort avec des puits quantiques il est donc nécessaire de discrétiser également les modes du champ électromagnétique dans la direction de croissance. Pour ce faire, il faut insérer les puits quantiques dans une microcavité de type Fabry-Perot. Dans ce cas, la composante du vecteur d'onde suivant z de l'onde électromagnétique, que l'on note k_z, ne peut prendre que des valeurs quantifiées. En revanche la

---
† Dans la suite du manuscrit, on appelle puits quantique "nu" un puits quantique sans microcavité.

composante dans le plan, $k_{//}$ peut prendre des valeurs quelconques. On dit communément que les photons sont confinés suivant la direction z, et libres dans le plan des couches. De ce fait, contrairement au cas d'un puits quantique "nu", l'exciton n'est plus couplé avec un continuum de modes électromagnétiques (continuum suivant z) mais avec un seul mode du champ de même vecteur d'onde dans le plan des couches. Ainsi l'interaction exciton-photon dans une microcavité s'effectue entre deux modes discrets. Deux approches peuvent être mise en œuvre pour traiter de l'interaction entre l'exciton et le mode résonnant du champ. Le traitement quantique de l'interaction matière-rayonnement est l'approche la plus classique, mais nécessite l'utilisation de calculs lourds[62]. L'étude de l'interaction entre des modes photoniques quantifiés et des états excitoniques peut se ramener en fait à la physique des oscillateurs couplés[28]. Quand les oscillateurs ne sont pas couplés ou faiblement couplés, leur fréquence d'oscillation est leur fréquence propre. On est dans ce cas en régime de couplage faible. Quand l'interaction entre les deux oscillateurs est forte, le système possède alors deux fréquences propres, appelées modes normaux du système et on est dans ce cas en régime de couplage fort. Les états propres du système sont d'énergie différentes E_1 et E_2 et on appelle dédoublement de Rabi (ou Rabi splitting) la différence d'énergie E_1-E_2.

Le but de cette partie est de donner une description générale de l'étude du couplage lumière-matière dans des microcavités à base de nitrures d'éléments III. L'originalité et la difficulté de ce travail résident d'une part dans la faible activité de recherche sur ce thème et d'autre part bien sûr par l'obtention du régime de couplage fort, régime encore non observé dans cette famille de semiconducteur au début de ces travaux. L'évolution des techniques de croissance et spectroscopiques font que l'observation et le comportement des polaritons sont en revanche désormais bien connus dans les semiconducteurs III-V à base d'arséniures[27] et II-VI pour les composés à base de CdTe[63]. De récents résultats suggèrent la possibilité de former un condensât de polaritons de type Bose-Einstein dans un solide[64,65]. La réalisation de structures mettant en évidence le couplage fort à température ambiante a déjà été observée dans les III-V à base d'arséniures[66] et les II-VI à base de ZnSe[67]. Néanmoins, l'utilisation des propriétés polaritoniques dans des dispositifs optoélectroniques à base de telles structures et fonctionnant à température ambiante est rendue très difficile voir impossible par la faible énergie de liaison de l'exciton et la faible force d'oscillateur. Une forte énergie de liaison de l'exciton est nécessaire pour obtenir une meilleure tenue des polaritons et des excitons en température et sous forte densité d'excitation. Les rôles de la force d'oscillateur et de l'importance du dédoublement de Rabi dans un dispositif polaritonique sont encore sujets à discussion[68].

Dans le cadre des matériaux nitrures, ou II-VI à grande bande interdite, la forte énergie de liaison des excitons et la grande force d'oscillateur par rapport aux semiconducteurs classiques permettent d'envisager des effets polaritoniques très importants et en principe observables jusqu'à température ambiante. Néanmoins, la faible qualité structurale des structures à base de nitrures d'éléments III et les fortes variations du champ électrique interne associées aux inhomogénéités de composition ou d'épaisseur augmentent l'élargissement inhomogène des raies excitoniques de plusieurs meV réduisant ainsi la possibilité d'obtenir un couplage fort. Une amélioration de l'état de l'art de la croissance ou des approches hybrides mettant en jeu des étapes post-croissance sont donc essentielles pour tirer au maximum profit des propriétés physiques des nitrures d'éléments III. Après une description simple de l'interaction d'un mode exciton et d'un mode photon par la physique de deux oscillateurs couplés, nous présenterons différentes approches dans la conception de microcavités et leurs propriétés optiques. Ces travaux ont été réalisés en collaboration avec le LASMEA qui a pris en charge notamment la modélisation et la simulation des structures à microcavités ainsi qu'une partie des caractérisations optiques.

III.3.1. Oscillateurs couplés : un système adapté à la description de l'interaction exciton-photon.

Il a été montré que l'interaction d'un exciton et d'un photon peut se ramener au traitement de deux oscillateurs couplés[28]. En réalité, le caractère non parfait de la microcavité, (durée de vie de l'exciton et du photon finie) nécessite d'introduire dans ce modèle un élargissement de la raie excitonique et du mode électromagnétique. De ce fait on se retrouve dans le cas de deux oscillateurs amortis couplés. Dans ce modèle, l'interaction entre un mode résonnant du champ et le mode exciton se fait par l'intermédiaire d'un potentiel de couplage V. On montre que ce potentiel est donné par la relation suivante[28] (équation III.25):

$$V = \sqrt{\frac{(1+\sqrt{R})}{2\sqrt{R}} \frac{e}{4\varepsilon_0 n_{cav} m_0} \frac{f_{osc}}{L_{eff}}} \qquad (III.25)$$

où L_{eff} est la largeur effective de la cavité, f_{osc} est la force d'oscillateur par unité de surface de l'exciton, n_{cav} l'indice optique de la cavité et R la réflectivité des miroirs.

Si on définit par $E_{exc} = \hbar\omega_{exc}$ et γ_{exc} l'énergie et la largeur de la raie excitonique, et $E_c = \hbar\omega_c$ et γ_c l'énergie et la largeur de la raie du mode photonique résonnant de la microcavité, les énergies E1 et E2 des modes propres du système vérifient (équation III.26) :

$$(\omega - \omega_{exc} + i\gamma_{exc})(\omega - \omega_c + i\gamma_c) = V^2 \qquad (III.26)$$

La solution de cette équation est :

$$\omega_p + i\gamma_p = \frac{\omega_{exc} + \omega_c - i(\gamma_{exc} + \gamma_c)}{2} \pm \sqrt{V + \frac{1}{4}(\omega_{exc} - \omega_c - i(\gamma_{exc} - \gamma_c))} \qquad (III.27)$$

où $\hbar\omega_p$ correspond à l'énergie du système et la partie imaginaire γ_p à sa largeur. Si on se place à la résonance entre l'exciton et le mode de cavité, c'est-à-dire à $\omega_{exc} = \omega_c$, l'équation III.27 se simplifie et on voit que le terme sous la racine peut prendre des valeurs positives ou négatives.

Si $4V^2 > (\gamma_{exc} - \gamma_c)$, la valeur sous la racine reste positive et on obtient deux solutions ayant des énergies distinctes E_b et E_h, mais de largeurs identiques. Les modes propres du système sont alors des modes mixtes exciton-photon appelés polaritons. Les énergies E_b et E_h correspondent respectivement à l'énergie du polariton bas et à l'énergie du polariton haut. La séparation en énergie des états de polaritons vaut alors (équation III.28) :

$$E_{Rabi} = \hbar\Omega_{Rabi} = 2\sqrt{|V| - \frac{1}{4}(\gamma_{exc} \cdot \gamma_c)} \qquad (III.28)$$

où Ω_{Rabi} est la pulsation de Rabi. Cette séparation est nommée dédoublement de Rabi (Rabi splitting en anglais).

Si $4V^2 < (\gamma_{exc} - \gamma_c)$, la quantité sous la racine est négative. La racine est donc purement imaginaire. Les deux modes propres ont même énergie et on n'observe pas de dédoublement de Rabi. En fait seule les durées de vie sont modifiées, et on est en régime de couplage faible.

L'observation du régime de couplage fort implique :
- une force d'oscillateur de l'exciton la plus grande possible.
- une longueur de cavité faible.
- des élargissements de photon et d'exciton les plus faibles possibles et les plus proches possibles.

Communément, la condition nécessaire pour être en régime de couplage fort se traduit par la relation suivante (équation III.29) :

$$\hbar\Omega_{Rabi} \gg \frac{\gamma_{exc}+\gamma_c}{2} \tag{III.29}$$

Le tableau III.3 recense les différentes forces d'oscillateurs et énergies de liaisons de différentes familles de semiconducteurs ainsi que les valeurs du dédoublement de Rabi publiées dans la littérature.

	Energie de liaison de l'exciton	Force d'oscillateur	$\hbar\Omega_{Rabi}$
III-V	GaAs MQWs ≈ 9meV [10]	5 x 10^{12} cm^{-2} [66]	15-20meV [10]
II-VI	CdTe MQWs ≈ 22meV [69]	2.3 x 10^{13} cm^{-2} [69]	20-30meV [69]
	ZnSe MQWs ≈ 40meV [70]		44meV [67]
III-N	GaN Massif ≈ 25meV [71]	≈3-4 x 10^{19} cm^{-3} [31]	*45meV [74]
	GaN MQWs ≈ 50meV [72]	≈5 x 10^{13} cm^{-2} [73]	*90meV [11]

Tableau III.3 *Energie de liaison, force d'oscillateur et dédoublement de Rabi expérimental de semiconducteurs III-V, II-VI et III-N. *Dans le cas des III-N, le dédoublement de Rabi est théorique.*

Il a été ainsi montré par des calculs théoriques[47] que le régime de couplage fort dans les nitrures pouvait être obtenu avec des finesses de cavité faible (F ≈ 2 (équation III.13)) et des élargissements inhomogènes de l'exciton allant jusqu'à 50 meV ceci en raison des propriétés intrinsèques de l'exciton.

III.3.2. Microcavités épitaxiées sur substrat de silicium : un chemin original pour obtenir le couplage fort.

La figure III.33 montre deux des échantillons que nous avons étudiés. Dans cette étude nous mettons à profit notre savoir faire sur la croissance des nitrures sur substrat de silicium. Ces structures sont basées sur le modèle suivant : une cavité de GaN en $\lambda/2$ épitaxiée sur trois couches satisfaisant les conditions de Bragg et consistant en une couche d'AlN d'épaisseur $2\lambda-\lambda/4$, une couche d'$Al_{0.2}Ga_{0.8}N$ d'épaisseur $2\lambda-\lambda/4$ et une couche d'AlN d'épaisseur $\lambda/4$. L'épaisseur de ces couches a été choisie de telle façon que les impératifs liés à la croissance (chapitre I) soient également vérifiés. La combinaison de ces trois couches avec le substrat de silicium forme le miroir bas de la microcavité. La réflectivité de cet ensemble est évaluée à 30% dans le proche UV. Le miroir haut pour la microcavité A269 est réalisé post-croissance à l'université de Sheffield. Il s'agit d'un miroir de Bragg diélectrique constitué de 4 bicouches de SiO_2/Si_3N_4 et dont la réflectivité est de 83%. La microcavité A247 est une microcavité monolithique. Un miroir de Bragg AlN/$Al_{0.2}Ga_{0.8}N$ constitué de 12 bicouches avec une

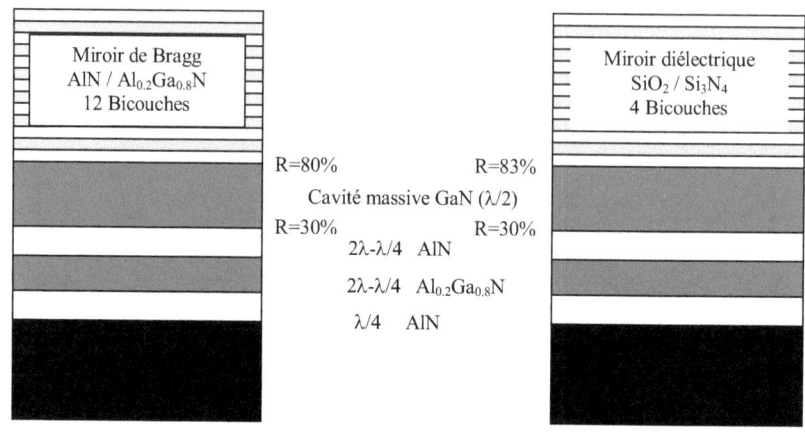

Figure III.33 *Représentation schématique des microcavités étudiées dans ce paragraphe.*

réflectivité proche de 80% a été epitaxié au dessus de la zone active. Cette structure ayant été réalisée avant la mise au point de miroirs de Bragg à contrainte balancée, la présence de fissures se produisant lors de la croissance du miroir ainsi que lors du refroidissement de l'échantillon est décelable lors de l'observation au microscope de l'échantillon. La figure III.34 montre un cliché MEB en section transverse de la microcavité A247.

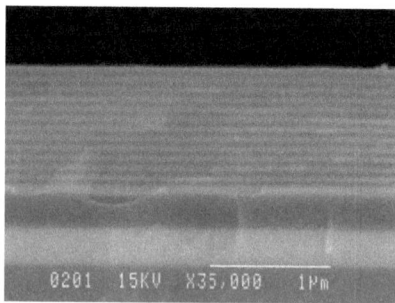

Figure III.34 *Image MEB en section transverse de la microcavité A247.*

L'énergie de l'exciton A déduite des expériences de PL sur la microcavité A269 avant dépôt du miroir diélectrique donne une valeur autour de 3.50 - 3.510 eV (cette valeur dépendant de la position sur l'échantillon) avec un élargissement inhomogène, déduit de la PL, de 28 meV. La croissance de ces échantillons a été réalisée sur un substrat de 2 pouces.

L'inhomogénéité due aux cellules d'évaporation a pour conséquence d'introduire un gradient d'épaisseur le long d'un rayon du substrat. Ce gradient nous permet d'ajuster le désaccord exciton-photon en fonction de la position spatiale du point de mesure.

La figure III.35 montre les spectres de réflectivité et de photoluminescence réalisés à 5K au même emplacement sur la microcavité A247. Nous avons également reporté sur cette figure le spectre de réflectivité simulé. Le spectre de réflectivité montre un mode de cavité bien résolu, localisé au centre de la bande d'arrêt, avec une largeur à mi-hauteur de 3.6 nm (35 meV). Pour une position de mesure particulière sur l'échantillon, le mode de cavité correspond exactement à l'énergie du pic de photoluminescence. La figure III.36.a) reporte l'évolution de la longueur d'onde du mode de cavité et du pic de photoluminescence en fonction de la position sur l'échantillon. La correspondance exacte de ces données montre que l'émission du GaN est contrôlée par la cavité. Nous avons reporté sur la figure III.36.b), l'évolution de l'intensité intégrée de PL et de la largeur à mi-hauteur du pic de PL en fonction de la longueur d'onde. Le maximum de l'intensité intégrée de PL, situé à une longueur d'onde de 353.4 nm, correspond au minimum de la largeur à mi-hauteur. On en déduit donc qu'à cette longueur d'onde le mode de cavité et l'émission de GaN coïncident. Ces différents résultats montrent que nous sommes en régime de couplage faible. Des mesures de réflectivité en angle mènent à la même conclusion.

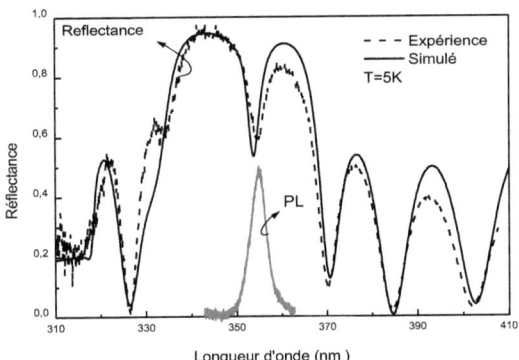

Figure III.35 *Spectres de réflectivité et de photoluminescence de la microcavité A247 réalisé à la même position sur l'échantillon. Nous avons reporté le spectre de réflectivité théorique.*

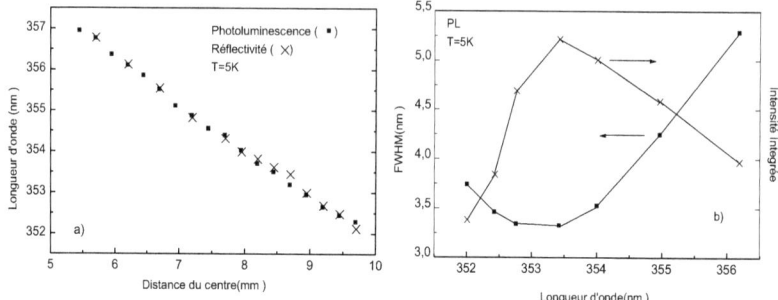

FigureIII.36 a) Variation du mode de cavité et du pic de photoluminescence en fonction de la position sur le rayon de la microcavité A247. b) Evolution de la largeur à mi-hauteur du pic de photoluminescence et de l'intensité de luminescence intégrée en fonction de la longueur d'onde d'émission de la photoluminescence.

Le dépôt du miroir diélectrique sur la couche active dans le cas de la microcavité A269 n'a été réalisé que sur un échantillon de taille réduite 6.3mm*18.6mm. Le désaccord exciton-photon se fera par des mesures de réflectivité en angle. La variation de l'angle d'incidence revient à modifier la position en longueur d'onde (i.e. en énergie) du mode de cavité. Cette variation conjuguée au fait que les états excitoniques sont indépendants de l'angle, est un moyen artificiel pour obtenir un gradient d'épaisseur : un "detuning" de l'interaction exciton-photon peut être ainsi obtenu[75]. La figure III.37 montre les résultats des expériences de réflectivité résolue en angle à 5K pour les polarisations TE (transverse électrique) et TM (transverse magnétique) pour des angles variant entre 42° et 65°. Ces expériences ont été réalisées au LASMEA-Clermont. La mesure de réflectivité à 42°, nous permet d'identifier à faible énergie le mode de la cavité non couplé et révèle un pic peu profond et relativement large à plus haute énergie correspondant à l'exciton de GaN. Les mesures à angles plus grands, montrent un rapprochement des deux pics de réflectivité qui s'accompagne d'une diminution de l'amplitude du pic excitonique jusqu'à une valeur comprise entre 52° et 54° pour la polarisation TM et entre 54° et 56° pour la polarisation TE. Ce comportement est caractéristique du régime de couplage fort[9]. Pour des angles supérieurs, le couplage disparaît progressivement. Cette figure montre que le couplage fort est moins prononcé dans le cas de la polarisation TE que TM. Ce phénomène a déjà été observé et expliqué dans le cas de microcavités à base de GaAs[76]. Pour plus de clarté nous avons reporté sur la figure III.38, l'énergie les différents pics de réflectivité en fonction de l'angle de mesure à 5K. On voit ainsi clairement l'anticroisement dus au couplage du mode de cavité et du mode excitonique. Les lignes continues sur la figure

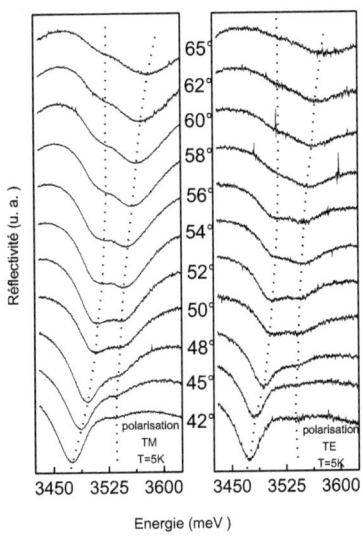

Figure III.37 *Spectres de réflectivité en polarisation TM et TE de la microcavité A269 pour différents angles de mesures. Les lignes en pointillés sont un guide pour les yeux : elles suivent l'anticroisement des deux pics*[77].

représentent l'ajustement théorique réalisé au LASMEA selon le modèle des matrices de transfert. On mesure ainsi un dédoublement de Rabi de 30.8 meV pour un angle de 52° en polarisation TM et de 31.5 meV pour un angle de 54° en polarisation TE. Le calcul théorique prend en compte la présence des deux excitons A et B. L'exciton C n'est pas pris en compte vu sa faible force d'oscillateur et sa position à une énergie plus élevée que l'énergie de couplage. Les excitons A et B sont modélisés par des oscillateurs de Lorentz sans dispersion spatiale. Le meilleur accord ente les résultats expérimentaux et simulés est observé pour des forces d'oscillateur de 3×10^{19} et 2.2×10^{19} cm^3. Ces valeurs sont en bon accord avec celles déterminées par Siozade et al.[31]. L'énergie des excitons A et B sont de 3528 meV et 3533 meV respectivement. Ces valeurs sont légèrement supérieures à celles déterminés avant le dépôt du miroir diélectrique. Il semblerait donc que de la contrainte compressive soit ajoutée par le dépôt du miroir diélectrique. Des mesures en température montrent que le couplage fort dans la microcavité A269 est encore présent à 77K[78]. A température ambiante, l'élargissement thermique, kT est de l'ordre de 26meV, contribuant à un élargissement supplémentaire de l'exciton. On observe seulement une dissymétrie du pic avant et après couplage, ce qui est difficilement exploitable pour extraire une valeur du couplage[78].

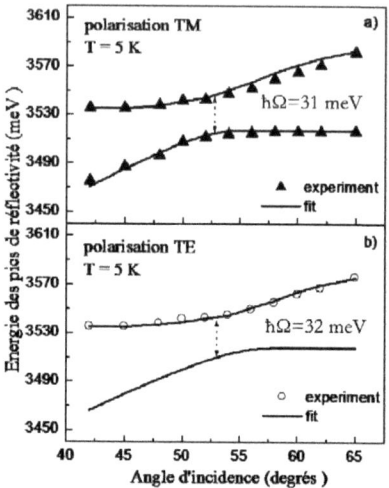

Figure III.38 *Energie des pics de réflectivité en polarisation TE et TM en fonction de l'angle d'incidence. Les flèches indiquent la position en angle de l'anticroissement*[77].

La figure III.39 montre l'évolution du dédoublement de Rabi calculée en fonction de l'épaisseur de la couche active de GaN. L'accroissement de l'épaisseur de la cavité permet une augmentation du rapport longueur active/longueur effective de cavité et ainsi un plus grand recouvrement des fonctions d'ondes[61]. Une valeur d'une soixantaine de meV semble être le dédoublement de Rabi maximum que l'on puisse obtenir dans une telle structure.

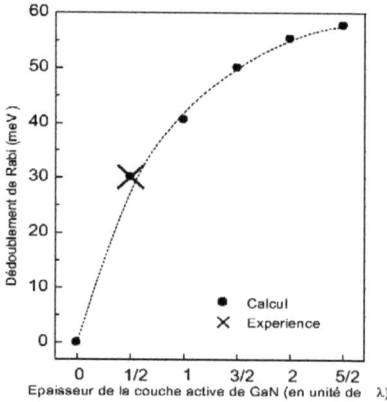

Figure III.39 *Evolution du dédoublement de Rabi en fonction de l'épaisseur de la couche active de GaN.*

III.3.4. Discussion.

La figure III.40 montre le résultat de simulations de réflectivité de la microcavité A247 pour différents élargissements excitoniques[47]. Le dédoublement de Rabi disparaît pour des élargissements inhomogènes supérieurs à 30 meV (rappelons que l'élargissement déduit des expériences de PL avant le dépôt des miroirs donne 28 meV) et de ce fait le régime de couplage fort devrait être observé dans la microcavité A247. Plusieurs raisons peuvent être invoquées. La présence de fissures dans la couche de GaN, générés lors du refroidissement, peut être la source de zones à contrainte variable et ainsi augmenter l'élargissement inhomogène au-delà de 30 meV. La présence d'un miroir de Bragg au dessus de la couche active pourrait également introduire un champ de contrainte dans la zone active et ainsi accroître l'élargissement inhomogène. Cela semble être vérifié par le calcul de N. Antoine-Vincent et al.[47] qui montre que les spectres de PL sont en très bon accord avec les spectres expérimentaux lorsqu'un élargissement inhomogène de 50 meV est pris en compte. L'utilisation d'un miroir diélectrique dans cas de la microcavité 2 permet de réduire la longueur effective de la cavité d'une épaisseur $4.3\lambda_0$. En effet, ce miroir diélectrique présente un contraste d'indice beaucoup plus élevé ($\Delta n = 0.66$) que le miroir AlN/Al$_{0.2}$Ga$_{0.8}$N ($\Delta n = 0.233$) et ce fait la longueur de pénétration dans le miroir diélectrique est beaucoup plus faible que dans le miroir AlN/Al$_{0.2}$Ga$_{0.8}$N. Ainsi, d'après l'équation III.25, le potentiel de couplage V entre l'exciton et

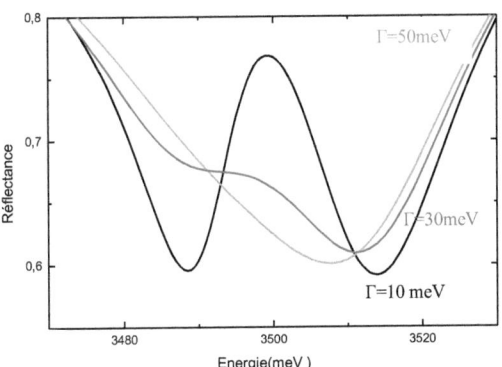

Figure III.40 *Evolution des spectres de réflectivité de la microcavité A247 en fonction de différents élargissements inhomogènes Γ. Le couplage exciton-photon est clairement mis en évidence pour des élargissements n'excédant pas 30 meV.*

mode résonnant de cavité est fortement augmenté. De ce fait le couplage fort peut être observé dans le cas d'une structure telle que la microcavité A269 avec des élargissements inhomogènes plus important que dans le cas de structure telles que la microcavité A247.

La figure III.41 montre le résultat de simulations de réflectivité de la microcavité A269 pour différents élargissements excitoniques. Dans ce cas le régime de couplage fort peut être encore observé pour des élargissements inhomogènes allant jusqu'à 40-45 meV. Ceci se vérifie lors du fit des expériences de réflectivité angulaire présenté sur la figure III.38. Le meilleur fit est obtenu avec un élargissement de 40 meV. Ce qui signifie aussi dans ce cas qu'il y a un accroissement de l'élargissement inhomogène après le dépôt du miroir diélectrique, mais plus faible que dans le cas de miroir de Bragg nitrures.

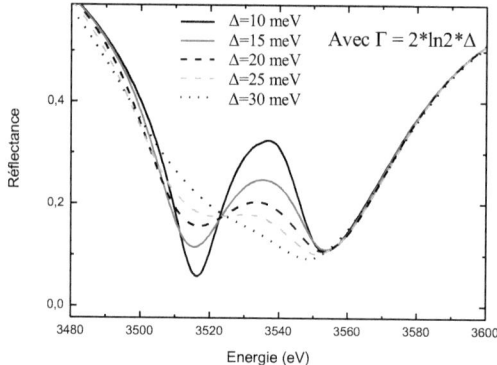

Figure III.41 *Evolution des spectres de réflectivité de la microcavité A269 en fonction de différents élargissements inhomogènes Γ. Le couplage exciton-photon est clairement mis en évidence pour des élargissements n'excédant pas 40-45 meV.*

Ces résultats démontrent que le régime de couplage fort dans les nitrures d'éléments III peut être obtenu à partir d'une microcavité massive de GaN extrêmement simple en mettant à profit le substrat de silicium et en adaptant le procédé de croissance présenté dans le chapitre I. Un tel résultat obtenu avec une finesse de cavité aussi faible et une zone active fortement disloquée est en fait un point de départ d'une série d'investigations très prometteuses pour le développement de microcavités à base de GaN épitaxiées sur silicium. L'insertion de puits quantiques (Al,Ga)N/GaN, peu sensible à la densité de dislocations (l'élargissement inhomogène est identique à ceux déterminés sur des substrats de saphir et de GaN), serait une solution très efficace et aisément réalisable pour diminuer l'élargissement inhomogène (cf chapitre II). Il semble aussi important d'explorer les approches technologiques permises par le silicium. Des premières études ont déjà été menées en fin de thèse et les résultats sont prometteurs. Une des approches mise en œuvre consiste à épitaxier une couche épaisse de GaN ou une couche épaisse comprenant des puits quantiques (Al,Ga)N/GaN à l'état de l'art. Le silicium est retiré par gravure chimique et une attaque par gravure ionique réactive des couches nitrures permet d'ajuster l'épaisseur de la cavité. Ainsi les premiers nanomètres de GaN, qui présentent une densité de dislocation très élevée, peuvent être supprimé, et la cavité n'est finalement constituée que des derniers nanomètres de la couche épaisse qui correspondent en fait à l'optimum en termes de qualité structurale et optiques. De telles structures ont déjà été utilisées pour la réalisation de diodes à microcavités en collaboration avec Thales Research & Technology (Orsay)[79].

III.4. Conclusion.

Nous avons montré qu'en jouant sur les mécanismes de relaxation et la maîtrise de la contrainte, on peut surmonter les problèmes rencontrés au cours de la réalisation de miroirs de Bragg, fissurations et densité de dislocations, dont l'origine principal est le faible contraste d'indice des matériaux nitrures et les forts désaccords de paramètres de mailles existant entre les différents nitrures d'éléments III. Des miroirs de Bragg GaN/(Al,Ga)N à forte concentration en aluminium, jusqu'à 50 %, non fissurés avec une réflectivité élevée ont été épitaxiés de manière pseudomorphique sur une couche dont le paramètre de maille dans le plan est identique au paramètre moyen du miroir de Bragg. Nous avons ainsi montré par cette procédure qu'il était possible d'augmenter significativement la concentration en Al de 30% à 50% dans des miroirs de Bragg non fissurés par rapport aux miroirs GaN/(Al,Ga)N traditionnels réalisés par EJM.

La faisabilité de diodes électroluminescences à cavité résonnante bleues réalisées à partir de ces miroirs de Bragg à forte composition en aluminium a été mise en évidence. Ces diodes présentent des puissances de sortie supérieures à celles des diodes conventionnelles réalisées par EJM au laboratoire émettant à la même longueur d'onde.

Enfin, dans la dernière partie de ce chapitre nous avons montré que le régime de couplage fort dans les nitrures d'éléments III peut être obtenu à partir d'une microcavité massive de GaN extrêmement simple en mettant à profit le substrat de silicium et en adaptant le procédé de croissance présenté dans le chapitre I.

Bibliographie du Chapitre III

[1] S. Nakamura, and G. Fasol, "The blue Laser Diode", Springer, Berlin (1997).

[2] Compound Semiconductor, Volume 7, N°10, Novembre 2001.

[3] *Mécanismes d'injection et de recombinaisons radiatives et non radiatives dans les diodes électroluminescentes à base de nitrures d'éléments III*, S. Dalmasso, thèse de doctorat, Université de Nice Sophia-Antipolis (2001).

[4] T. Mukai, M. Yamada, and S. Nakamura, Jpn. J. Appl. Phys. **38**, 3976 (1999).

[5] N. Nakada, M. Nakaji, H. Ishikawa, T. Egawa, M. Umeno, and T. Jimbo, Appl. Phys. Lett. **76**, 1804 (2000).

[6] T. Someya, R. Werner, A. Forchel, M. Catalano, R. Cingolani, and Y. Arakawa, Science, Vol 285, 1905 (1999).

[7] "Group III Nitride Semiconductor compounds: Physics and Applications", Edited by B. Gil, Oxford Science Publications, Clarendon Press, Oxford (1998).

[8] J.J. Hopfield, Phys. Rev. **112**, 1555 (1958).

[9] C. Weisbuch, M. Nishioka, A. Ishikawa, and Y. Arakawa, Phys. Rev. Lett. **69**, 3314 (1992).

[10] M. Saba, C. Ciuti, J. Bloch, V. Thierry-Meig, R. André, Le Si Dang, S. Kundermann, A. Mura, G. Bongiovanni, J. L. Staehli, and B. Deveaud, Nature **414**, 731 (2001).

[11] G. Malpuech, A. Di Carlo, A. Kavokin, J. Baumberg, M. Zamfirescu, and P. Lugli, Appl. Phys. Lett. **81**, 412 (2002).

[12] M. Born, and E. Wolf, "Principles of Optics", Pergamon Press, New York (1970).

[13] H. A. McLeod, "Thin-Film Optical Filters", Adam Hilger Ltd., Bristol, (1986).

[14] P. Yeh, "Optical waves in layered media", Wiley, New York (1988).

[15] *Ligth extraction from microcavity light emitting diodes: optimisation and characterisation of high-brightness AlGaInP-based devices*, P. Royo, thèse de doctorat, Ecole Polytechnique Fédérale de Lausanne (2000).

[16] H. Benisty, H. De Neve, and C. Weisbuch, IEEE J. Quantum Electron. **34**, 1632 (1998).

[17] T. Someya, K. Tachibana, J. Lee, T. Kamiya, and Y. Arakawa, Jpn. J. Appl. Phys., Part 2 **37**, L1424 (1998).

[18] P. De Mierry, J. M. Bethoux, H-P.D. Schenk, M. Vaille, E. Feltin, B. Beaumont, M. Leroux, S. Dalmasso, and P. Gibart, Phys. Status Solidi (a) **192**, 335 (2002).

[19] Y.-K. Song, H. Zhou, M. Diagne, A. V. Nurmikko, R. P. Schneider, C. P. Kuo, M. R. Krames, R. S. Kern, C. Carter-Coman, and F. A. Kish, Appl. Phys. Lett. **76**, 1662 (2000).

[20] M. Diagne, Y. He, H. Zhou, E. Makaronp, A. V. Nurmikko, J. Han, K. E. Waldrip, J. J. Figiel, T. Takeuchi, and M. Krames, Appl. Phys. Lett. **79**, 3720 (2001).

[21] N. Nakada, H. Ishikawa, T. Egawa, and T. Jimbo, Jpn. J. Appl. Phys. **42**, 144 (2003).

[22] *Application de la microscopie à sonde locale à l'étude de la surface de GaN(0001)*, S. Vezian, thèse de doctorat, Université de Nice Sophia-Antipolis (2000).

[23] T. Someya, and Y. Arakawa, Appl. Phys. Lett. **73**, 3653 (1998).

[24] T. Shirasawa, N. Mochida, A. Inoue, T. Honda, T. Sakaguchi, F. Koyama, K. Iga, J. Cryst. Growth, **189/190**, 124 (1998)

[25] *Les contraintes et leurs effets dans les hétérostructures semiconductrices de nitrures d'éléments III*, R. Langer, thèse de doctorat, Université Joseph Fourier, Grenoble (2000).

[26] S. Fernàndez, F. B. Naranjo, F. Calle, M. A. Sànchez-Garcia, E. Calleja, P. Vennegues, A. Trampert, and K. H. Ploog, Appl. Phys. Lett. **79**, 2136 (2001).

[27] M. S. Skolnick, T. A. Fischer, and D. M. Whittaker, Semicond. Sci. Technol. **13**, 645 (1998).

[28] V. Savona, C. Piermarocchi, A. Quattropani, P. Schwendimann, and F. Tassone, Solid State Commun. **93**, 773 (1995).

[29] D. Brunner, H. Angerer, E. Bustarret, F. Freundenberg, R. Höpler, R. Dimitrov, O. Ambacher, and M. Stutzmann, J. Appl. Phys. **82**, 5090 (1997).

[30] Ü. Özgür, G. Webb-Wood, H. O. Everiit, F. Yun, and H. Morkoç, Appl. Phys. Lettt. **79**, 4103 (2001).

[31] L. Siozade, S. Collard, M. Mihailovic, J. Leymarie, A. Vasson, N. Grandjean, M. Leroux, and J. Massies, Jpn. J. Appl. Phys. **39**, 20 (2000).

[32] S. Shokhovets, R. Goldhahn, V. Cimalla, T. S. Cheng, and C . T. Foxon, J. Appl. Phys. **84**, 1561 (1998).

[33] P. Yu, and M. Cardona, "Fundamentals of Semiconductors" (Springer, Berlin, 1996), Chap. 6.

[34] J.A. Majewski, M. Städele, and P. Vogl, MRS Internet J. Nitride Semicond. Res.1, 30 (1996).

[35] Z.L. Liau, R. L. Aggarwal, P. A. Maki, R. J. Molnar, J. N. Walpole, R. C. Williamson, and I. Melngailis, Appl. Phys. Lett. **69**, 1665 (1996).

[36] E. Doghèche, B. Belgacem, D ; Remiens, P. Ruterana, and F. Omnes, Appl. Phys. Lett. **75**, 3324 (1999).

[37] X. Tang, Y. Yuan, K. Wongchotigul, and M. G. Spencer, Appl. Phys. Lett. **70**, 3206 (1997).

[38] J. A. Kohn, P. G. Cotter, and R. A. Potter, Am. Mineral. **41**, 355 (1956).

[39] N. Antoine-Vincent, F. Natali, M. Mihailovic, A. Vasson, J. Leymarie, P. Disseix, D. Byrne, F. Semond, and J. Massies, J. Appl. Phys. **93**, 5222 (2003).

[40] I. F. L. Dias, B. Nabet, A. Kohl, and J. C. Harmand, Elec. Lett. **33**, 716 (1997).

[41] T. E. Sale, IEEE Proc.- Optoelectron., **142**, 37 (1995).

[42] F. Natali, N. Antoine-Vincent, F. Semond, D. Byrne, L. Hirsch, A.S. Barrière, M. Leroux, J. Massies, and J. Leymarie, Jpn. J. Appl. Phys., Part 2 **41**, L1140 (2002).

[43] F. Semond, N. Antoine-Vincent, N. Schnell, G. Malpuech, M. Leroux, J. Massies, P. Disseix, J. Leymarie, and A. Vasson, Phys. Status Solidi (a) **183**, 163 (2001).

[44] *Caractérisations physico-chimique de couches minces : analyses nucléaires*, L. Hirsch et A. S. Barrière, école thémathique du CNRS : "Les nitrures d'éléments III", Orcières-Merlette, France, (2000).

[45] H. M. Ng, D. Doppalapudi, E. Iliopoulos, and T. D. Moustakas, Appl. Phys. Lett. **74**, 1036 (1999).

[46] G. Feuillet, B. Daudin, F. Widmann, J. L. Rouvière, and M. Arlery, J. Cryst. Growth **190**, 142 (1998).

[47] N. Antoine-Vincent, F. Natali, P. Disseix, M. Mihaolivic, A. Vasson, J. Leymarie, F. Semond, M. Leroux, and J. Massies, Phys. Status Solidi (a) **190**, 187 (2002).

[48] A. Fischer, H. Kuhne, and H. Richter, Phys. Rev. Lett. **73**, 2712 (1994).

[49] R. People, and J. C. Bean, Apply. Phys. Lett. **47**, 322 (1985).

[50] *Epitaxie par jets moléculaires de GaN AlN, INN et leurs alliages: physique de la croissance et realisation de nanostructures*, F. Widmann , thèse de doctorat, Université Joseph Fourier, Grenoble (1998).

[51] J. W. Matthew, and A. E. Blakeslee, J. Cryst. Growth **27**, 118 (1974).

[52] *Elaboration de diodes électroluminescentes et de miroirs sélectifs à base de nitrures d'éléments III pour diodes à cavités résonante*, H-P. D. Schenk, thèse de doctorat, de Nice Sophia-Antipolis (2002).

[53] *Etude par microscopie électronique haute résolution d'hétérostructures de semiconducteurs II-VI épitaxiées par jets moléculaires*, P.H. Jouneau, thèse de doctorat, Institut National Polytechnique de Grenoble (1993).

[54] E. Kasper, H. Kibbel, H. Jorke, H. Brugger, E. Friess, and G. Abstreiter, Phys. Rev. B **38**, R3599 (1988).

[55] N. Grandjean, M. Leroux, M. Laügt, and J. Massies, Appl. Phys. Lett. **71**, 240 (1997).

[56] B. Damilano, N. Grandjean, F. Semond, J. Massies, and M. Leroux, Appl. Phys. Lett. **75**, 962 (1999).

[57] B. Damilano, N. Grandjean, J. Pernot, and J. Massies, Jpn. J. Appl. Phys. **40**, 918 (2001).

[58] P. Vennegues, N. Grandjean, J. Massies, and F. Semond, J. Cryst. Growth, **201/202**, 423 (1999).

[59] *Etude des propriétés optiques des puits quantiques dans deux cas limites: puits quantiques peu profonds, microcavité de semiconducteurs*, J. Tignon, thèse de doctorat, Université Paris VI (1996).

[60] G. Bastard, "Wave mechanism applied to semiconductor heterostructures", Les éditions de minuit, les Ulis, France (1988).

[61] A. Tredicucci, Y. Chen, V. Pelligrini, M. Börger, L. Sorba, F. Beltram, and F. Bassani, Phys. Rev. Lett. **75**, 3906 (1995).

[62] V. Savona, C. Piermarocchi, A. Quattropani, P. Schwendimann, and F. Tassone, *Phase Transitions* **68**, 169 (1999).

[63] *Spectroscopie optique linéaire et non-linéaire dans les microcavités de semiconducteurs II-VI à base de CdTe*, F. Bœuf, thèse de doctorat, Université Joseph Fourier, Grenoble (2000).

[64] H. Deng, G. Weihs, C. Santori, J. Bloch, and Y. Yamamoto, Science **298**, 199 (2002).

[65] D. Snoke, Science **298**, 1368 (2002).

[66] R. Houdré, R.P. Stanley, and U. Oesterle, *Confined Electrons and Photons*, Edited by E. Burstein and C. Weisbuch, Plenum Press, New York, (1995).

[67] P. Pawlis, A. Khatchenko, O. Husberg, D.J. As, K. Lischka and D. Schikora, Solid State Comm. **123**, 235 (2002).

[68] M.S. Skolnick, R.M. Stevensson, A.I. Tartakovskii, R. Butté, M. Emam-Ismail, D. M. Whittaker, P.G. Savvidis, J.J. Baumberg, A. Lemaître, V.N. Astratov, J.S. Roberts, Mat. Sci. Eng. **C19**, 407 (2002).

[69] R. André, D. Heger, Le Si Dang, and Y. Merle d'Aubigné, J. Cryst. Growth **184/185**, 758 (1998).

[70] J. Ding, M. Hagerott, T. Ishihara, H. Jeon, and, A.V. Nurmikko, Phys. Rev. B **47**, 10528 (1993).

[71] A. S. Zubrilov, S. A. Nikishin, G. D. Kipshidze, V.V. Kurtyatlkov, H. Temkin, T. I. Prokofyeva, and M. Holtz, J. Appl. Phys. **91**, 1209 (2002).

[72] P. A. Shields, R. J. Nicholas, N. Grandjean, J. Massies, J. Cryst. Growth **230**, 487 (2001).

[73] M. Zamfirescu, B. Gil, N. Grandjean, G. Malpuech, A. Kavokin, P. Bigenwald, and J. Massies, Phys. Rev. B **64**, R. 121304 (2001).

[74] A. Kavokin, and B. Gil, Appl. Phys. Lett. **72**, 2880 (1998).

[75] D. Baxter, M.S. Skolnick, A. Armitage, V.N. Astratov, D.M. Whittaker, T. A. Fisher, J. S. Roberts, D.J. Mowbray and M. A. Kaliteevski, Phys. Rev. B **56**, R10032 (1997).

[76] A. Armitage, T.A. Fisher, M.S. Skolnick, D.M. Whittaker, P. Kinsler, and J. S. Roberts, Phys. Rev. B **55**, 16395 (1997).

[77] N. Antoine-Vincent, F. Natali, D. Byrne, A. Vasson, P. Dysseix, J. Leymarie, M. Leroux, F. Semond, and J. Massies, Phys. Rev. B **68**, 153313 (2003)

[78] *Recherche du couplage fort lumière-matière dans des microcavities nitrures*, N. Antoine-Vincent, thèse de doctorat, Université Blaise Pascal, Clermont-Ferrand (2003).

[79] J. Y. Duboz, N. B. De L'Isle, L. Dua, P. Legagneux, M. Mosca, J. L. Reverchon, B. Damilano, N. Grandjean, F. Semond, J. Massies, R. Dudek, D. Poitras, and T. Cassidy, Jpn. J. Appl. Phys. **42**, 118 (2003).

Conclusion

L'objectif principal de cette thèse était d'explorer les potentialités d'une filière basée sur l'épitaxie d'hétérostructures à base d'(Al,Ga)N sur substrat de silicium (111). De telles hétérostructures sont destinées à deux types d'applications. La première concerne les microcavités, en vue à la fois de leur étude physique et de leur application à la fabrication de diodes électroluminescentes à cavité résonante (DELs-CR). La seconde a trait aux dispositifs hyperfréquences. Dans ce dernier cas, il s'agissait de démontrer l'intérêt de cette filière pour la réalisation de transistors à effets de champ à haute mobilité d'électrons (HEMTs). Dans ce contexte, nous avons tout d'abord décrit un procédé de croissance par épitaxie sous jets moléculaires utilisant NH_3 comme source d'azote. Ce procédé repose sur l'utilisation d'une couche tampon AlN/GaN/AlN permettant de surmonter les problèmes liés à l'épitaxie de GaN sur silicium (111). Il permet d'améliorer considérablement la qualité cristalline et notamment d'éviter la formation de fissures. Des couches de GaN relativement épaisses (jusqu'à 3 microns) sans fissures ont ainsi pu être épitaxiées. L'étude de la morphologie de surface de GaN à l'échelle de la dizaine de μm^2 a permis de mettre en évidence le rôle de la contrainte sur le mode de croissance de GaN en fonction de l'épaisseur épitaxiée. Dans les premiers stades de la croissance, on observe la formation de spirales de croissance à partir de dislocations à composante vis, comme prédit par le modèle de Burton, Cabrera et Frank et caractéristique d'un mode de croissance par avancée de marches. Cependant au delà d'une certaine épaisseur (0.7 μm), un phénomène de rugosité cinétique se met en place indiquant une transition d'un mode de croissance par avancée de marches vers un régime de croissance où la nucléation d'îlots 2D est active. Nous proposons d'interpréter cette transition par une diminution de la diffusion de surface corrélée à la relaxation graduelle de la contrainte compressive lorsque l'épaisseur de GaN augmente.

Nos investigations se sont ensuite portées sur la réalisation et l'étude d'hétérostructures (Al,Ga)N/GaN destinées aux différentes briques constituant d'une part les microcavités, cavité optique (ou zone active) et miroirs de Bragg, et d'autre part les HEMTs.

Outre l'effet Stark confiné quantique observé sur les énergies de transitions des puits quantiques GaN/(Al,Ga)N contraints, d'autres effets du champ électrique sur les propriétés optiques ont été étudiés parmi lesquels l'influence sur les largeurs inhomogènes des raies de photoluminescence et la réduction de la force d'oscillateur due à la séparation spatiale des fonctions d'onde d'électrons et de trous. Nous avons finalement recherché les conditions optimales pour obtenir des structures à puits quantiques présentant des forces d'oscillateurs élevées et des élargissements inhomogènes faibles en vue de la réalisation de microcavités destinée à l'étude de l'interaction forte lumière-matière. Notre étude indique qu'une structure GaN/Al$_{0.11}$Ga$_{0.89}$N avec une épaisseur de puits de l'ordre de 25Å est la mieux adaptée Une concentration en aluminium plus faible, permettrait certes de diminuer l'élargissement inhomogène mais on augmenterait, une fois les puits à l'intérieur de la microcavité, la probabilité d'absorption des photons par les barrières.

Un des points critiques pour la réalisation de microcavités aussi bien destinées à l'étude de l'interaction lumière-matière qu'à la fabrication de DELs-CR, est la croissance des miroirs de Bragg. Il est important que les miroirs épitaxiés aient de bonnes propriétés structurales (interfaces abruptes et densité de dislocations la plus faible possible) ainsi qu'une faible rugosité de surface pour que la croissance de la cavité (zone active) se fasse dans les meilleures conditions, afin d'obtenir les propriétés optiques attendues. Le problème principal que nous avons rencontré est la formation de fissures dans les couches épitaxiées due aux forts désaccords de paramètres de mailles et coefficients de dilatations thermiques. Nous résolvons ce problème par l'épitaxie de miroirs de Bragg (Al,Ga)N/GaN pseudomorphes sur une couche d'(Al,Ga)N relaxée dont le paramètre de maille dans le plan est identique au paramètre moyen du miroir de Bragg. Ainsi, des miroirs de Bragg non fissurés, centrés sur des longueurs d'onde de 450 nm et 560 nm avec des réflectivités élevées, de l'ordre de 70%, et de fortes concentrations en aluminium ont été réalisés sur substrat de saphir. Nous montrons ainsi qu'il est possible grâce à cette procédure d'augmenter la concentration en aluminium jusqu'à 50% dans les couches d'(Al,Ga)N (sans cette approche la concentration en Al est limitée à 30%, au-delà il y a formation de fissures).

Pour valider la qualité structurale et les propriétés optiques de tels miroirs nous avons réalisés des DELs-CR dans le bleu. Ces DELs-CR présentent des puissances de sortie supérieures d'un facteur 2.4 à celles des diodes conventionnelles réalisées par EJM au laboratoire émettant à la même longueur d'onde. Ces résultats préliminaires sont prometteurs car on peut désormais légitimement espérer utiliser de tels miroirs dans des dispositifs optoélectroniques à microcavités.

Avant d'entreprendre la réalisation de microcavités constituées de miroirs de Bragg nitrures, il nous semblait cependant intéressant de mettre à profit le fort contraste d'indice entre le substrat de silicium et la couche tampon nitrure. En effet, le pouvoir réflecteur entre ces deux couches étant de 30%, nous avons privilégié dans un premier temps la réalisation de microcavités utilisant le silicium comme miroir bas. Nous montrons qu'une telle approche permet d'obtenir le régime de couplage fort dans les nitrures d'éléments III à partir d'une microcavité massive de GaN extrêmement simple.

A travers ces résultats, se dessinent plusieurs possibilités pour la fabrication de microcavités dédiées à l'études de l'interaction forte lumière-matière :
- L'épitaxie de la cavité sur substrat de silicium suivi du dépôt *ex situ* du miroir haut (matériaux diélectriques). Ensuite on grave la totalité du substrat et enfin, on dépose le miroir bas (matériaux métalliques et/ou diélectriques), la zone active pouvant être une couche de GaN épaisse ou constituée de puits quantiques GaN/(Al,Ga)N. Des premières études ont déjà été menées en fin de thèse et les résultats sont prometteurs. Après un travail d'optimisation des différentes étapes technologiques (essentiellement le choix des matériaux diélectriques et les temps de gravure du silicium et si besoin est, de la couche buffer) on parvient à conserver les propriétés optiques initiales de la cavité (élargissement inhomogène) et du miroir haut (réflectivité). Une partie de ces résultats préliminaires sont présentés dans l'annexe A.
- L'obtention de miroirs de Bragg à fort contraste d'indice et à réflectivité élevée non fissurés ouvre la voie à la réalisation de microcavité monolithique sur substrat de saphir. Une variante intéressante consiste à épitaxier seulement la demi-microcavité (miroir bas + cavité), le miroir haut étant réalisé *ex situ* en matériaux diélectriques ou métalliques.

L'intérêt de la filière GaN sur Si (111) a également été illustré à travers la réalisation d'hétérostructures (Al,Ga)N/GaN présentant des gaz d'électrons bidimensionnel avec des densités de porteurs libres et des mobilités comparables à l'état de l'art mondial et ce, quelque soit le substrat (saphir ou SiC) et la technique de croissance (EJM ou MOCVD) utilisés. Ces structures ont permis la réalisation de transistors à effets de champ à haute mobilité d'électrons (HEMTs) en collaboration avec des laboratoires spécialisés, TIGER (laboratoire commun IEMN-Thales Research & Technology) et Daimler-Chrysler. Les caractéristiques électriques en régime statique sont semblables aux meilleurs résultats obtenus pour les filières GaN sur SiC et sur saphir. Ceci est dû en particulier au caractère isolant des films de GaN épitaxiés sur Si(111). Au plan des perspectives, la réalisation de doubles hétérojonctions (Al,Ga)N/GaN/(Al,Ga)N pourraient permettre d'améliorer le confinement électronique et ainsi d'augmenter encore la mobilité du gaz d'électrons bidimensionnel (de telles structures ont en fait été réalisées et sont en cours de caractérisation).

Les performances en fréquence sont toutefois encore inférieures à celles obtenues sur substrats de saphir et de SiC, en raison du couplage capacitif avec le substrat. Néanmoins, les transistors réalisés à partir d'hétérostructures (Al,Ga)N/GaN épitaxiées sur silicium présentent de bonnes propriétés en termes de densité de puissance, 6.6 W/mm, à des fréquences de travail de l'ordre de 2 GHz. Ceci fait du silicium le substrat idéal pour des dispositifs fonctionnant dans la gamme de fréquence 2-10 GHz utilisés pour la téléphonie mobile. en raison de son faible coût, de sa qualité structurale et de la dimension des substrats disponibles sur le marché.

Annexe A. Réalisation de microcavités hybrides à partir de structures (Al,Ga)N/GaN épitaxiées sur Si(111).

L'étude présentée dans cette annexe porte sur la réalisation de microcavités hybrides destinées à l'étude du couplage lumière-matière. Il s'agit de tirer avantage de l'utilisation de substrat de silicium pour l'épitaxie de films minces de nitrures d'éléments III. En effet contrairement au saphir et au SiC, l'attaque du silicium par gravure chimique est facile ce qui ouvre des perspectives intéressantes notamment dans la conception et la réalisation de dispositifs originaux, par exemple des membranes auto-supportées de nitrures pour la réalisation de diodes à microcavités[1]. Des premières études basées sur ce principe ont été menées en fin de thèse et nous présentons dans cette partie quelques-uns de ces résultats.

Une des approches mise en œuvre est représentée schématiquement sur la figure A.1. Elle consiste à :
1) épitaxier une couche épaisse (1.5-2µm) de GaN sur l'empilement AlN/GaN/AlN/Si(111) présenté au chapitre I.
2) déposer *ex situ* un miroir diélectrique (dans notre cas SiO_2/Si_3N_4 ou SiO_2/Ta_2O_5).
3) coller avec une résine époxy l'ensemble sur un support de préférence transparent à la longueur d'onde de travail afin de réaliser des mesures en transmission (dans notre cas un substrat de saphir poli double-face).

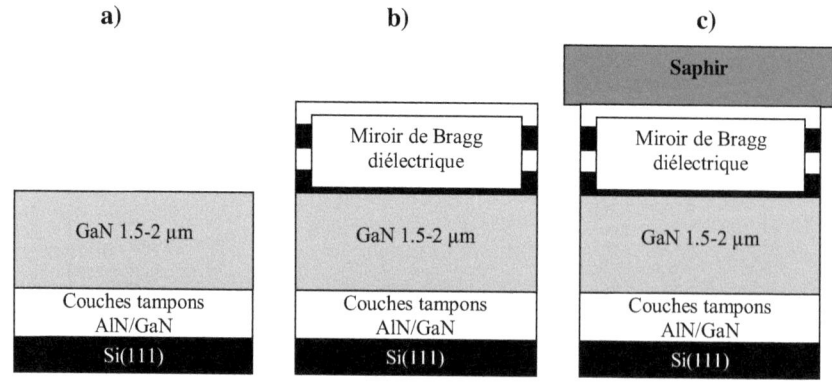

Figure A.1 *Représentation schématique des premières étapes technologiques en vue de l'obtention de microcavités hybrides. a) épitaxie d'une couche épaisse de GaN, b) dépôt ex situ d'un miroir diélectrique et c) collage de l'ensemble sur un substrat de saphir.*

Le silicium est ensuite retiré par gravure chimique en utilisant une solution de KOH. La figure A.2 montre une représentation schématique d'une telle structure ainsi que son spectre de réflectivité à 300K. Ce spectre est modulé par la présence d'interférences dont l'origine provient des différents modes de la cavité relativement épaisse (≈2.5 µm) formée par les couches entre le miroir de Bragg diélectrique et l'air. Leur présence indique que les interfaces entre les différentes couches sont abruptes. Une attaque par gravure ionique réactive des couches tampons AlN/GaN ainsi que de la couche épaisse de GaN permet d'ajuster l'épaisseur de zone active consistant en une couche de GaN dont l'épaisseur est un multiple entier, m_c, de $\lambda_0/2n$ ($L_{structure} = m_c \lambda_0/2n$). Ainsi, les premières centaines de nanomètres de la couche épaisse de GaN qui présentent une densité de dislocation très élevée peuvent être supprimés et la cavité n'est finalement constituée que des derniers nanomètres de la couche épaisse qui correspondent en fait à l'optimum en termes de qualité structurale et optique. La figure A.3 montre une représentation schématique de la structure correspondant à une demi-microcavité (miroir + cavité) ainsi qu'une photographie de l'échantillon après les différentes étapes technologiques présentées précédemment. La figure A.4 montre le spectre de photoluminescence à 18K de l'échantillon présenté sur la figure A.3.a) et du même échantillon avant le dépôt du miroir diélectrique et le collage du substrat de saphir (cf figure A.1.a)). Ces spectres montrent qu'on conserve les propriétés optiques initiales de la couche de GaN ; l'élargissement inhomogène est respectivement de 11 meV et 13 meV avant et après les différentes étapes technologiques et l'énergie du pic de photoluminescence est légèrement décalé de 2 meV vers les basses énergies.

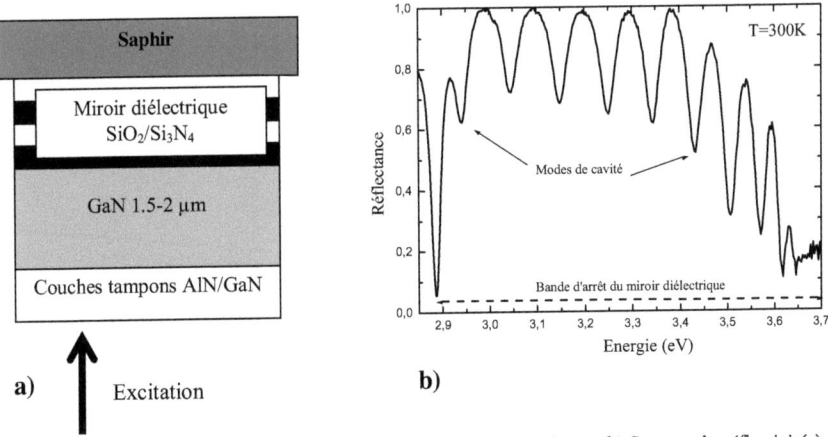

Figure A.2. *a) Représentation schématique d'une des structures réalisées. b) Spectre de réflectivité à 300K de cette structure.*

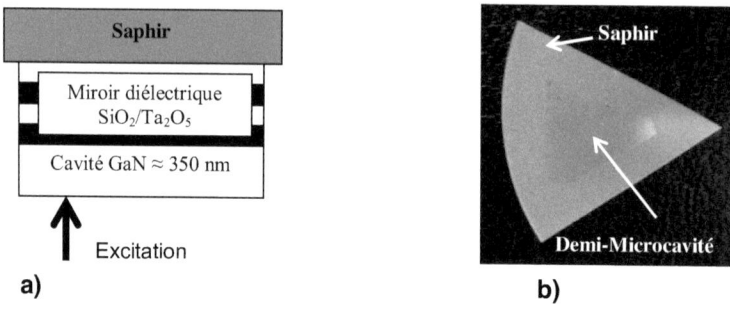

Figure A.3. *a) Représentation schématique de la demi-microcavité. b) photographie de l'échantillon après les différentes étapes technologiques*

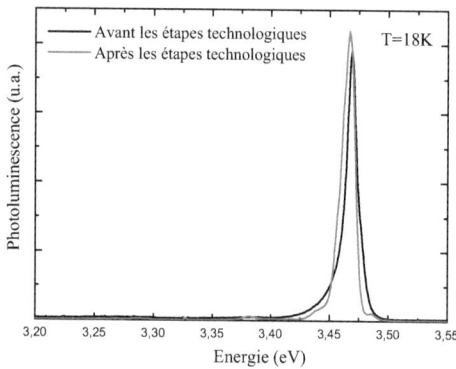

Figure A.4 *Spectres de photoluminescence normalisés à 18K de l'échantillon présenté sur la figure A.3.a) et du même échantillon avant le dépôt du miroir diélectrique et le collage du substrat de saphir (cf figure A.1.a)).*

La figure A.5 montre le spectre de réflectivité à 300K d'une structure identique à celle présentée sur la figure A.3.a), pour une épaisseur de cavité de 450 nm, comparé au calcul théorique. On observe les modes de la cavité d'ordre 5 et 6 ainsi que le front d'absorption de la cavité de GaN. Un point important est que les propriétés du miroir, réflectivité et bande d'arrêt, ne sont pas altérées par les différentes étapes technologiques.

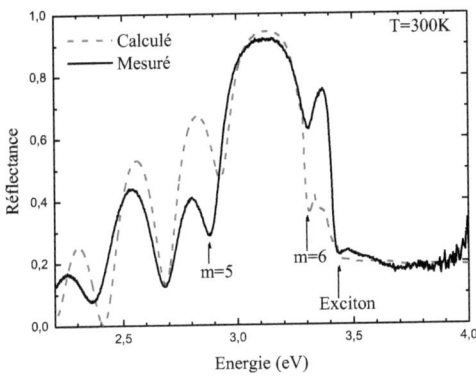

Figure A.5 *Spectre de réflectivité à 300K d'une structure identique à celle présentée sur la figure A.3.a pour une épaisseur de cavité de 450 nm (trait continu) comparée au calcul théorique (trait pointillé).*

Une autre approche consiste à épitaxier une couche épaisse (≈ 1.5 μm) d'$Al_xGa_{1-x}N$ sur l'empilement AlN/GaN/AlN/Si(111) présenté au chapitre I, puis de faire croître une structure à puits quantiques GaN/Al_xGa_{1-x}N qui constituera la zone active de la microcavité hybride. La figure A.6 montre une représentation schématique de la structure correspondant à une demi-microcavité (miroir + cavité à puits quantique) après les différentes étapes technologiques (collage, gravure chimique du silicium et attaque par gravure ionique réactive des couches tampons AlN/GaN ainsi qu'une partie de la couche épaisse d'(Al,Ga)N). Nous avons également reporté sur cette figure les spectres de photoluminescence à 18K avant et après les différentes étapes technologiques. La zone active est constituée de 8 puits quantiques GaN/$Al_{0.11}Ga_{0.89}$N d'épaisseur 15 Å. Contrairement aux structures à cavité volumique de GaN, on observe un fort décalage de 40 meV de l'énergie de photoluminescence des multi-puits quantiques avant et après les différentes étapes technologiques. Un décalage aussi important semble difficilement imputable au seul effet de la contrainte. Il nous est à l'heure actuelle difficile de conclure sur l'origine d'un tel décalage en raison notamment du faible nombre d'échantillons réalisé. Néanmoins ce résultat est prometteur car l'élargissement inhomogène est semblable avant et après les différentes étapes technologiques, 24 meV avant contre 26 meV après (cf chapitre II).

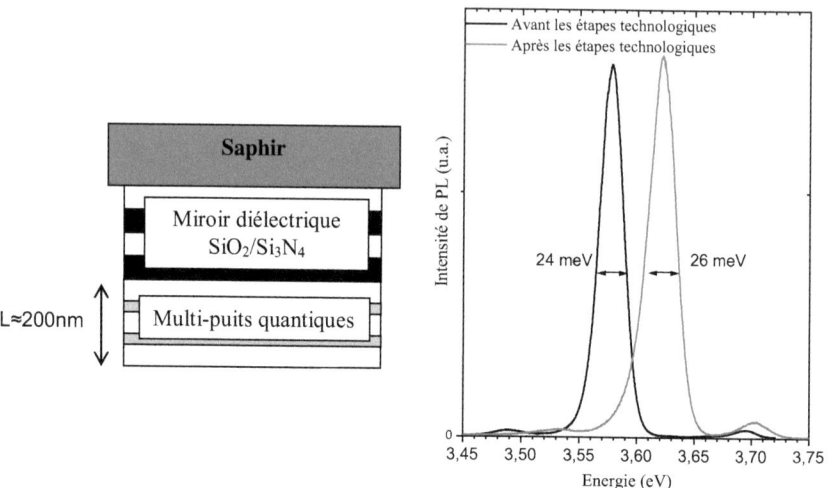

Figure A.6 *a) représentation schématique de la structure correspondant à une demi-microcavité dont la cavité est constituée de 8 puits quantiques GaN/Al$_{0.11}$Ga$_{0.89}$N d'épaisseur 15 Å. b) spectres de photoluminescence avant et après les différentes étapes technologiques de cette structure et du même échantillon avant le dépôt du miroir diélectrique et le collage du substrat de saphir.*

La réalisation de microcavités hybrides à partir de structures (Al,Ga)N/GaN épitaxiées sur Si(111) permet de tirer au maximum profit des propriétés physiques des nitrures d'éléments III. Dans cette partie prospective, nous avons montré qu'une telle approche semble intéressante pour obtenir le régime de couplage fort. En effet, les demi-microcavités ainsi réalisées qu'elles soient volumiques ou à base de puits quantiques, présentent des élargissements inhomogènes suffisamment faibles, de l'ordre de la dizaine de meV pour des cavités volumiques et de la vingtaine de meV pour des cavités à base de puits quantiques (Al,Ga)N/GaN, pour observer le régime de couplage fort. Différentes structures composées de cavité volumique de GaN d'épaisseur $\lambda/2n$, $3\lambda/2n$ et $5\lambda/2n$ et de cavité à base de puits quantiques (Al,Ga)N/GaN ont été réalisées et sont actuellement à l'université de Sheffield en vue d'y déposer le second miroir diélectrique et ainsi compléter la demi-microcavité. Ainsi nous pourrons conclure sur la possibilité d'obtenir par cette approche le couplage fort à basse température et à température ambiante.

---

[1] J.Y. Duboz, N.B. De L'Isle, L. Dua, P. Legagneux, M. Mosca, J.L. Reverchon, B. Damilano, N. Grandjean, F. Semond, J. Massies, R. Dudek, D. Poitras, and T. Cassidy, Jpn. J. Appl. Phys. **42**, 118 (2003).

Ce travail concerne le développement et l'évaluation d'une filière de semiconducteurs à large bande interdite de type nitrures d'éléments III épitaxiés sur substrat de silicium. L'objectif de notre travail était la réalisation et l'étude d'hétérostructures (Al,Ga)N/GaN en vue d'évaluer leurs potentialités pour deux types d'applications. La première concerne les microcavités destinées à l'étude du couplage exciton-photon et à la fabrication de diodes électroluminescentes à cavité résonante (DELs-CR). La seconde a trait aux dispositifs hyperfréquences de type transistors à gaz 2D d'électrons. Le chapitre I est consacré à la description d'un procédé de croissance par Epitaxie sous Jets Moléculaires, utilisant NH_3 comme source d'azote, qui permet de surmonter les problèmes liés à l'épitaxie de GaN sur Si (111). L'étude de l'influence de l'effet Stark confiné quantique sur les propriétés optiques de puits quantiques GaN/(Al,Ga)N contraints est reportée au chapitre II. Nous avons observé et modélisé l'augmentation de l'élargissement inhomogène induite par le champ électrique. D'autre part, la mise en évidence de la formation d'un gaz 2D d'électrons de forte mobilité (> 1500 cm^2 $V^{-1}s^{-1}$) et de forte densité (> 10^{12} cm^{-2}) à l'interface (Al,Ga)N/GaN a permis de démontrer le fort potentiel de la filière nitrure d'éléments III sur Si (111) pour la réalisation de transistors à effet de champ à haute mobilité d'électrons. Dans une dernière partie (chapitre III), nous proposons et développons un moyen de contrôler la contrainte dans les superréseaux que nous appliquons à la réalisation de miroirs de Bragg (Al,Ga)N/GaN pseudomorphiques et non fissurés. Afin de valider la qualité structurale et optique de tels miroirs, nous avons élaborés sur substrat saphir des DELs-CR émettant dans le bleu. Finalement, le régime de couplage fort exciton-photon est pour la première fois mis en évidence dans les nitrures d'éléments III.

(Al,Ga)N, silicium (111), épitaxie par jets moléculaires (EJM), puits quantiques, gaz 2D d'électrons, miroirs de Bragg, dispositifs optoélectroniques à microcavité, couplage fort exciton-photon

This thesis work deals with the development and assessment of wide-band gap group III-nitrides epitaxially grown on silicon substrates. The goal of our work was to grow and study (Al,Ga)N/GaN heterostructures on Si with the aim of assessing their potentialities in view of two types of applications. The first one concerns microcavities for both the study of the physics of light-matter coupling and the fabrication of resonant-cavity light-emitting diodes (RC-LEDs). The second one concerns high frequency devices based on the concept of the so-called High Electron Mobility Transistor (HEMT). In chapter one, we first describe a growth process based on Molecular Beam Epitaxy, using NH_3 as a nitrogen source, which has allowed us to overcome the difficulties encountered during the epitaxial growth of GaN on Si (111). The study of the influence of the quantum confined Stark effect on the optical properties of (Al,Ga)N/GaN quantum wells is reported in chapter II. We have observed and modelled the inhomogeneous broadening increase due to the electric field. Moreover, we have evidenced the formation at the (Al,Ga)N/GaN interface of a 2D electron gas of high mobility (> 1500 cm^2 $V^{-1}s^{-1}$) and high density (> 10^{12} cm^{-2}) which demonstrates the potentiality of group III-nitrides epitaxially grown on Si for HEMT application. In the last part (chapter III), we propose and develop a procedure to control the strain in superlattices in order to obtain crack-free pseudomorphic (Al,Ga)N/GaN distributed Bragg reflectors (DBRs). As a result of this work, blue RC-LEDs have been fabricated using these DBRs on sapphire substrate. Finally, the first observation of strong exciton-photon coupling in a nitride-based microcavity is reported.

(Al,Ga)N, silicon (111), molecular beam epitaxy (MBE), quantum wells, 2D electron gas, Bragg mirrors, microcavity-based optoelectronic devices, strong light-matter coupling.

Oui, je veux morebooks!

i want morebooks!

Buy your books fast and straightforward online - at one of the world's fastest growing online book stores! Environmentally sound due to Print-on-Demand technologies.

Buy your books online at
www.get-morebooks.com

Achetez vos livres en ligne, vite et bien, sur l'une des librairies en ligne les plus performantes au monde!
En protégeant nos ressources et notre environnement grâce à l'impression à la demande.

La librairie en ligne pour acheter plus vite
www.morebooks.fr

OmniScriptum Marketing DEU GmbH
Heinrich-Böcking-Str. 6-8
D - 66121 Saarbrücken
Telefax: +49 681 93 81 567-9

info@omniscriptum.de
www.omniscriptum.de

Printed by Books on Demand GmbH, Norderstedt / Germany